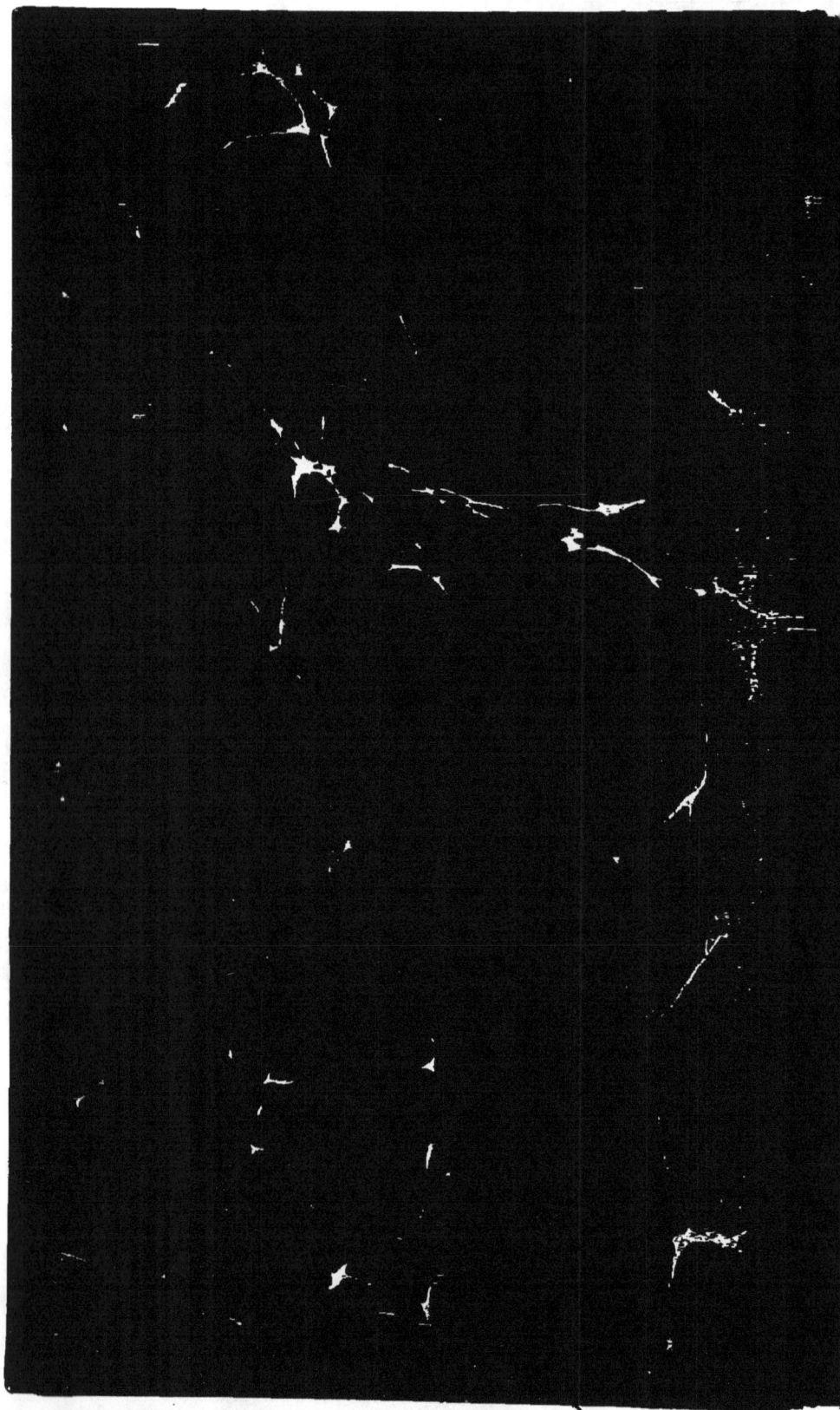

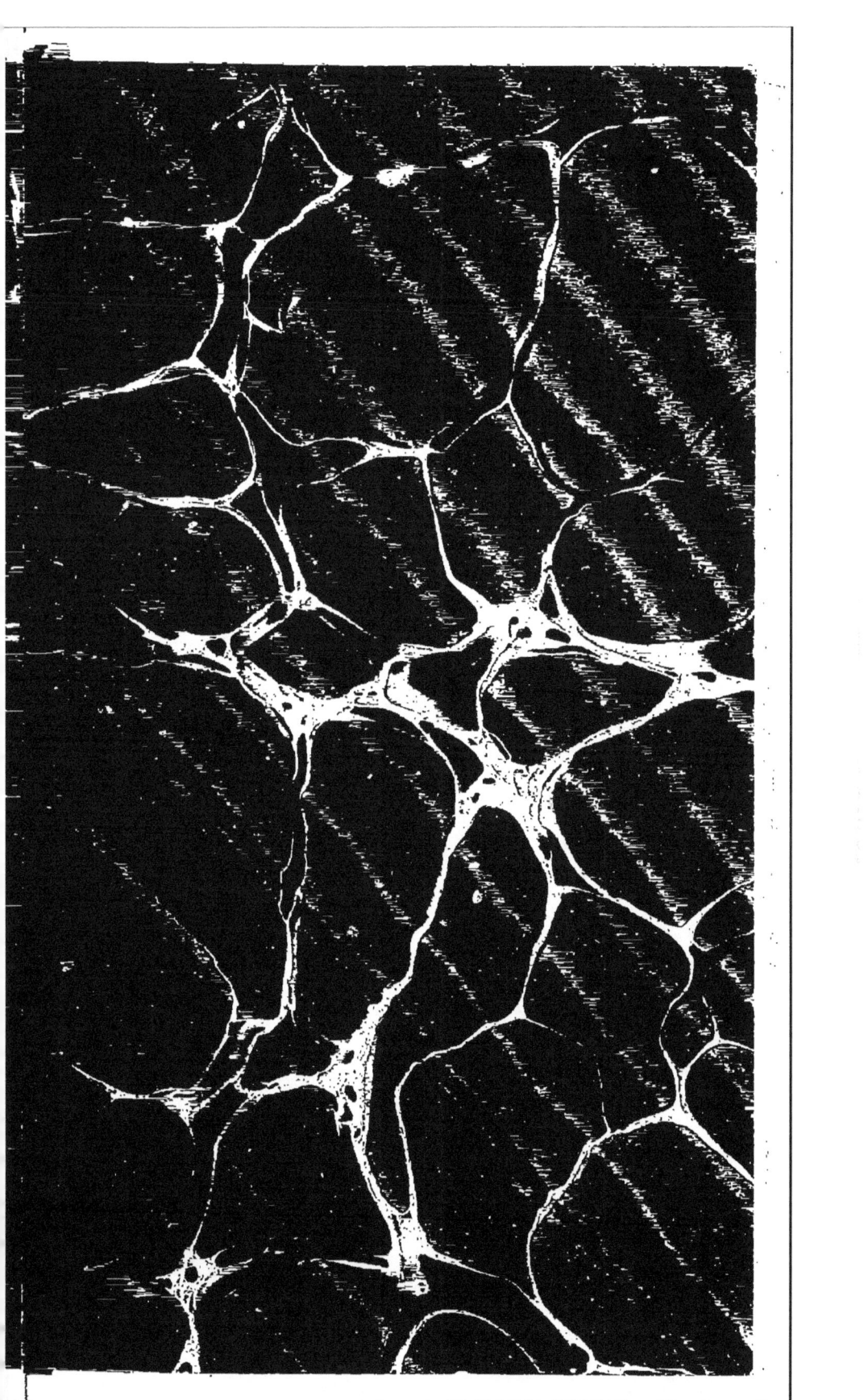

32912

NOUVEAU MANUEL

D'ASTRONOMIE,

ORNE DE PLANCHES.

PARIS. — IMPRIMERIE DE FAIN,
RUE RACINE, N°. 4, PLACE DE L'ODÉON,

NOUVEAU MANUEL

D'ASTRONOMIE,

ou

GUIDE

POUR APPRENDRE LES PRINCIPES GÉNÉRAUX
DE CETTE SCIENCE.

RECUEILLI EN GRANDE PARTIE AUX COURS PUBLICS
DE L'OBSERVATOIRE DE PARIS.

PAR M. BOURGEOIS.

Paris.

BAUDOUIN FRÈRES, ÉDITEURS,
N°. 17, RUE DE VAUGIRARD.

1828.

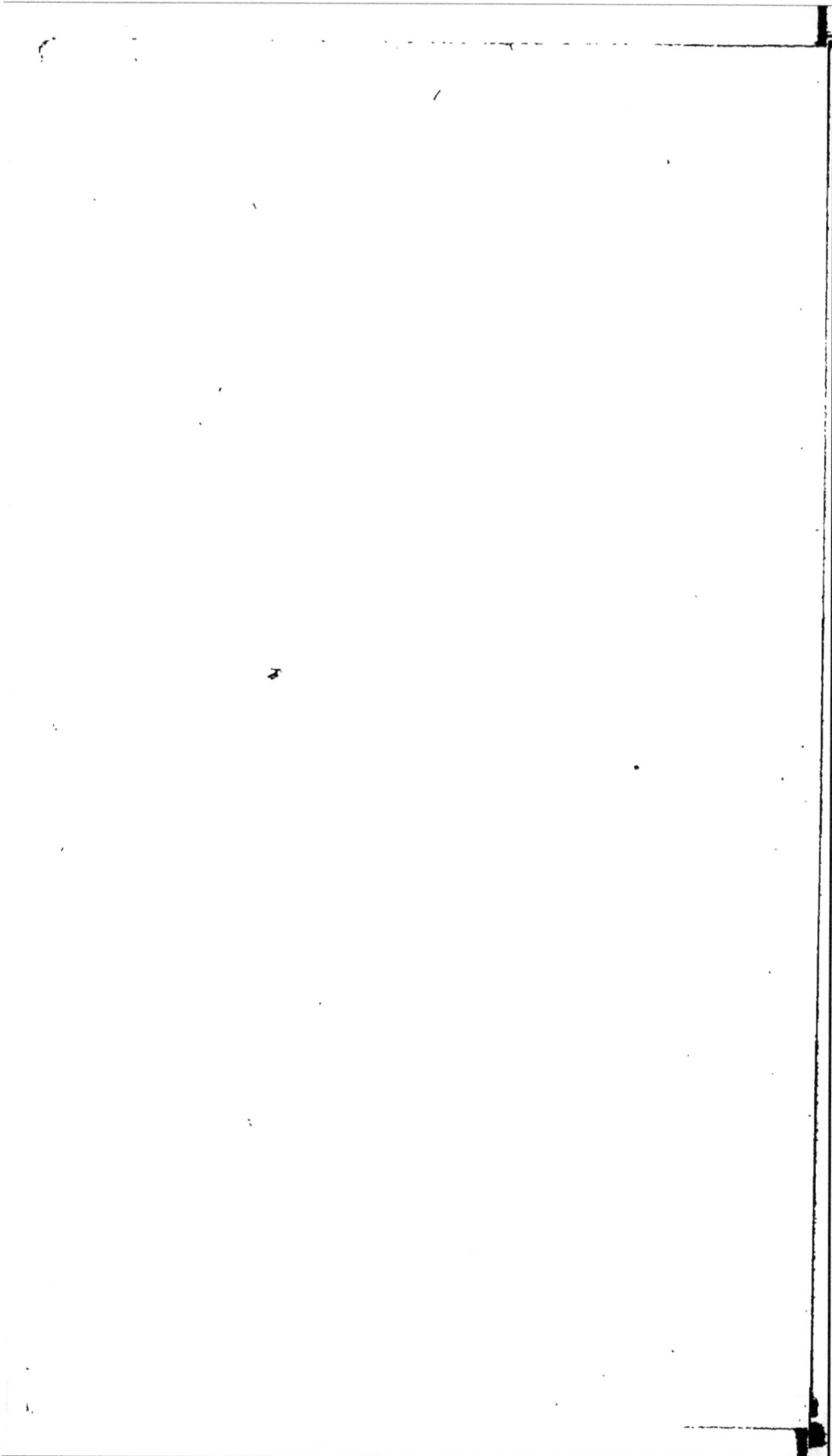

AVANT-PROPOS

DE L'ÉDITEUR.

L'ÉTUDE de l'astronomie est, sans contredit, une des plus nobles occupations de l'esprit humain.

En Angleterre cette science est généralement cultivée. L'enfance elle-même a dans les mains des livres où sont expliqués les phénomènes célestes. C'est pour répandre aussi en France le goût de cette science si attrayante que nous avons réuni dans un volume portatif les principes sur lesquels s'appuie l'astronomie. Nous n'avons hasardé aucune hypothèse, au-

a

cun système ; ce sont des faits, démontrés aussi rigoureusement qu'il est possible, que nous développons dans cet ouvrage.

Les notions que nous publions ici ont été presque toutes recueillies au cours de l'un des premiers astronomes de France. On est sûr du moins que notre livre ne contiendra pas d'erreurs. Après une étude de quelques semaines on pourra, à l'aide de cet ouvrage, expliquer les plus grands problèmes d'astronomie, le double mouvement de la terre, les éclipses de soleil et de lune, connaître les révolutions des planètes, les équinoxes, etc. La théorie des marées est expliquée assez longuement ; peut-être ne l'avait-elle jamais été avec une plus grande clarté.

Si le public accueille cet ouvrage, nous le ferons suivre d'autres traités scientifiques qui seront comme celui-ci sténographiés aux cours de nos professeurs les plus célèbres.

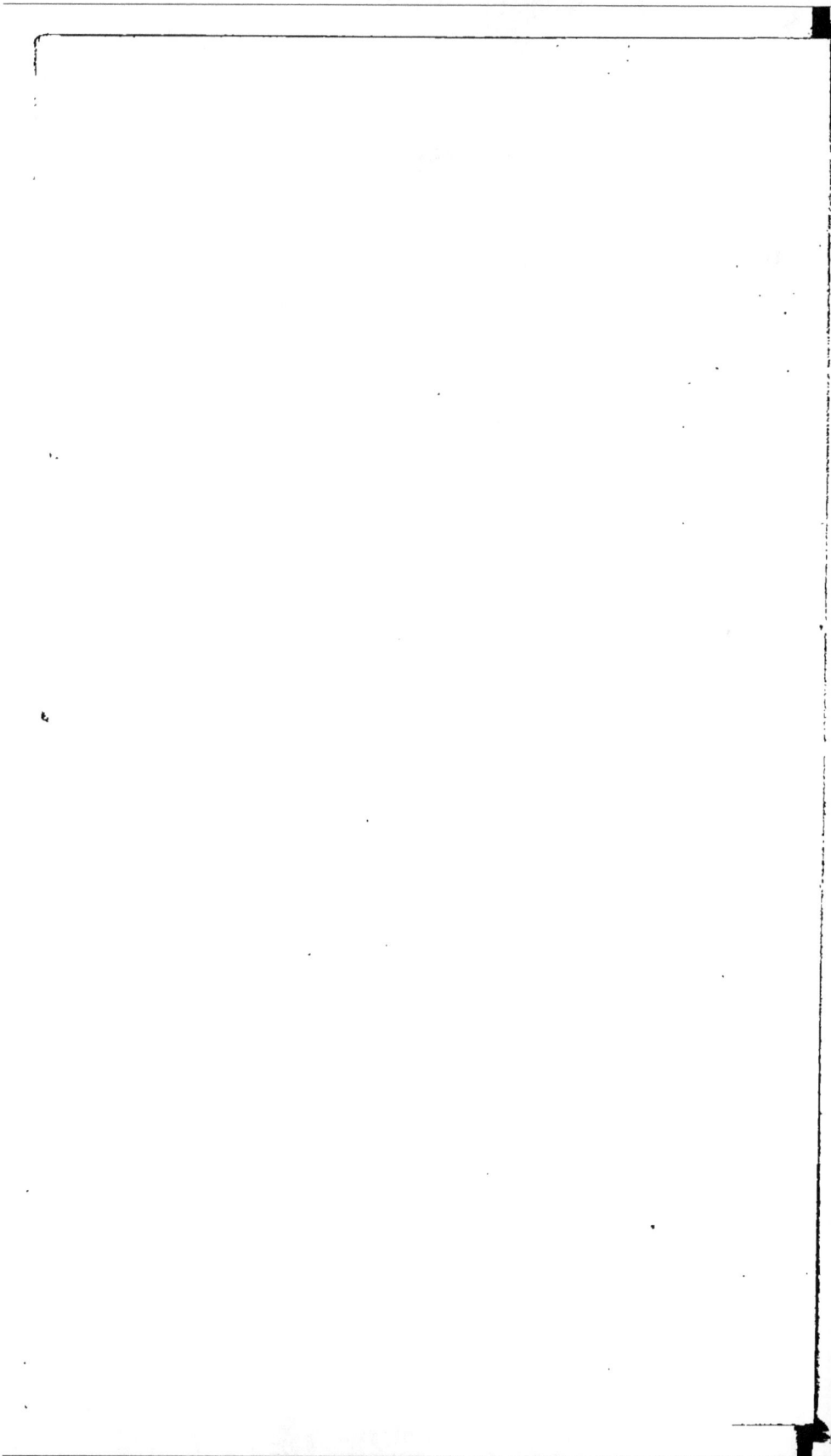

NOUVEAU MANUEL

D'ASTRONOMIE.

PREMIÈRE LEÇON.

Histoire de l'astronomie et définitions.

L'ASTRONOMIE traite des mouvemens, des éclipses, de la grandeur, des périodes et autres phénomènes des corps célestes.

Les délicieuses contrées de l'Asie étaient faites pour être le berceau de l'astronomie, aussi fut-elle cultivée par les Chaldéens. Les vastes plaines qu'ils habitaient, les nuits qu'ils passaient en plein air, un horizon immense, un ciel pur et sans nuages, tout les invitait à suivre les mouvemens des astres, à chercher les lois qui les régissent.

De la Chaldée, l'astronomie se répandit

1

en Égypte, où elle fut cultivée avec succès. Les Phéniciens héritèrent des connaissances qu'on avait acquises, et appliquèrent à la navigation les observations qu'on avait faites. Ils réglaient leurs mouvemens sur une des étoiles, la petite ourse, qui paraît toujours rester dans la même situation; les autres nations se bornaient à observer la grande ourse, mais ce guide était peu sûr. Ils n'osaient gagner le large, et ne s'éloignaient pas des côtes.

Thalès, qui vivait environ sept cents ans avant l'ère chrétienne, porta l'astronomie de la Phénicie en Grèce, où il fit connaître l'utilité de la petite ourse dans la navigation. Il enseigna aussi la théorie du mouvement du soleil, de celui de la lune qui lui servait à rendre raison de l'augmentation et de la diminution des jours, à déterminer par les mêmes considérations le nombre de ceux de l'année solaire. Il indiquait la cause des éclipses, et le moyen de les prédire. Il annonça lui-même celle qui eut lieu quelque temps après, et devint célèbre parce qu'elle arriva un jour que les Mèdes et les Lydiens étaient aux prises.

Un des disciples de Thalès, Anaximandre, passe pour l'inventeur du globe terrestre et du gnomon, qu'il fit construire à Sparte, et par le moyen duquel il observait les équinoxes, les solstices : il détermina l'obliquité de l'écliptique avec plus d'exactitude qu'on ne l'avait encore fait. Les Grecs mirent à profit les notions qu'ils avaient reçues de Thalès et d'Anaximandre. Ils entreprirent des voyages, et fondèrent plusieurs colonies dans des contrées éloignées. Ces succès ne les empêchèrent pas de proscrire le savant auquel ils les devaient. Ils l'auraient même mis à mort sans l'intervention de Périclès, qui fit commuer la peine en un bannissement perpétuel. Qu'avait-il fait pour encourir la haine de tout un peuple? Il avait avancé que le monde est soumis à des lois immuables : c'était un impie! il avait outragé les dieux!

Un autre disciple de Thalès, Pythagore, fit faire de grands progrès à l'astronomie. Il découvrit le système du monde qui fut dans la suite renouvelé par Copernic, et que personne ne conteste

1.'

plus. Il enseigna même que les planètes étaient des corps habités comme la terre, et que les étoiles, qui sont disséminées dans l'espace, sont des soleils, centres d'autres systèmes planétaires. Les comètes étaient, selon lui, des corps permanens qui circulent autour du soleil, et non des météores périssables qui se forment dans l'atmosphère, comme on l'a cru depuis. Pythagore mourut vers l'an 497 avant Jésus-Christ.

Pythéas fut le premier qui enseigna la méthode de classer les climats par la longueur des jours et des nuits. Ce fut pendant sa vie que les Grecs montrèrent le plus de goût pour l'astronomie, et qu'ils s'y livrèrent avec le plus de succès. Peu satisfait de ce qu'il avait appris à Athènes, Eudoxe alla étudier en Égypte, et écrivit, à son retour, plusieurs ouvrages sur cette science, entre autres une description des constellations. Il entreprit d'expliquer le célèbre cycle de dix-neuf ans qui avait été imaginé par Méton, pour concilier les mouvemens du soleil et ceux de la lune. C'est la plus exacte période d'un court intervalle de temps, qui puisse être divisé pour embrasser un nombre fini de révolutions de ces deux astres ; il est si simple et si utile, que lorsqu'il fut proposé aux Grecs assemblés aux jeux olympiques, il fut reçu avec acclamation, et adopté par toutes leurs colonies. L'année de ce cycle, appelée nombre d'or, est encore indiquée dans les calendriers.

Aristote, disciple de Platon et contemporain d'Eudoxe, se servit de l'astronomie pour perfectionner la physique et la géographie. Il chercha à déterminer, par des observations astronomiques, la figure et la grandeur de la terre. Il démontra qu'elle est de forme sphérique, par l'apparence circulaire de l'ombre qu'elle projette sur le disque de la lune dans les éclipses, et par l'inégalité des hauteurs du méridien solaire qui varient suivant les latitudes. Callisthènes, qui suivit Alexandre en Perse, lui envoya les observations faites par les Babyloniens pendant l'espace de 1903 ans.

Mais de toutes les écoles de l'antiquité dans lesquelles on enseigna l'astronomie, aucune n'acquit plus de célébrité, et ne la mérita mieux que celle d'Alexandrie. C'est elle qui nous présente le premier recueil d'une série combinée d'observations faites avec des instrumens propres à mesurer des angles et calculées trigonométriquement. La position des étoiles était déterminée d'une manière précise, le cours des planètes tracé avec soin, les inégalités des mouvemens du soleil et de la lune commençaient à être bien connues. La théorie adoptée conduisait à l'explication de tous les mouvemens célestes. Des observations nombreuses fournissaient les moyens de découvrir l'erreur, et devaient guider les astronomes vers la découverte du vrai système de la nature. Celles d'Hipparque de Bithynie, qui vivait à Alexandrie environ 162 ans avant notre ère, sont surtout remarquables par leur justesse. Ce savant détermina la longueur de l'année tropique avec une précision à laquelle on n'était pas encore parvenu; il la fixa à quatre minutes et demie à peu près.

Ptolémée, qu'on regarde comme le premier des astronomes, vivait dans le second

siècle de notre ère. Il nous a transmis
dans sa Grande Syntaxe les observations
et les principales découvertes des anciens.
Il donne dans cet ouvrage la théorie et
les tables du mouvement du soleil, de la
lune, des planètes et des étoiles fixes. Il
avait adopté le système qui suppose la
terre placée au centre du monde, et que,
pour le distinguer des autres, on a appelé
le système de Ptolémée. Les idées in-
exactes qu'il renferme, n'empêchèrent pas
ce grand homme de calculer les éclipses
qui devaient arriver dans les six siècles
suivans.

La Syntaxe fut traduite vers 826 par
les Arabes et appelée Almageste. Quatre
siècles plus tard leur traduction fut mise
en latin par ordre de Frédéric II, qui ne
voulait pas que les chrétiens le cédassent
à des barbares en connaissances astronomiques. Alphonse, roi de Castille, ras-
sembla ensuite les principaux astronomes
connus et leur fit dresser de nouvelles tables, qui furent appelées Alphonsines.

Cette protection frappa les hommes
éclairés que possédait l'Europe. L'astro-

nomie conduisait aux faveurs, à la répu-
tation, ils la cultivèrent. Les traités se
multiplièrent et avec eux les instrumens
qui facilitent les observations. Mais l'événement le plus mémorable de cette époque est la reproduction de l'ancien système du monde de Pythagore. Ce fut
Copernic, né à Thorn en 1472, qui le
ressuscita. Il trouva que celui de Ptolémée, qui suppose que la terre est fixe,
que le soleil, la lune, Mercure, Vénus et
les autres planètes tournent dans des cercles concentriques autour de ce corps, ne
s'accordait pas avec les phénomènes. Il remarqua que les difficultés qui le compli-
quent disparaissent, en admettant que le
soleil est un centre autour duquel la terre
fait, comme les autres planètes, sa révolution annuelle en même temps qu'elle accomplit sa révolution diurne sur son axe.
Cette théorie repose sur des raisonnemens
si incontestables que c'est la seule qui soit
enseignée aujourd'hui dans toute l'Europe.
Malheureusement Copernic n'eut pas la
satisfaction de voir triompher la doctrine
qu'il avait si bien défendue : persécuté

par les dévots, en butte aux tracasseries
dés savans, ce ne fut que long-temps après
qu'il fut achevé qu'il publia l'ouvrage qui
contenait le résultat de ses observations. Il
en vit le premier exemplaire ; mais quelques jours après il n'était plus : ce grand
homme rendit l'âme dans sa soixante-
onzième année.

La seule opposition un peu importante
qu'éprouva la théorie de Copernic, lui vint
de Tycho-Brahé, célèbre astronome da-
nois, qui voulait faire prévaloir la sienne.
Son système diffère peu de celui de Ptolémée, cependant il est également connu
sous son nom. Il suppose que la terre est
au centre du monde, et que le soleil accomplit autour sa révolution en vingt-quatre heures. Les planètes en font autant par
rapport à lui, mais dans des temps périodiques, Mercure d'abord, comme placé à
une moindre distance, puis Vénus, Mars,
Jupiter et Saturne, qui parcourent le
même orbite. Cependant quelques-uns de
ses disciples supposaient que la terre était
animée d'un mouvement diurne autour de
son axe, que le soleil et toutes les planètes

faisaient leur révolution autour de la terre
en une année. Nous démontrerons le vice
de cette hypothèse, en parlant du système de Copernic.

Un des élèves de Tycho-Brahé, Képler,
fit faire à la science des progrès rapides.
Hipparque, Ptolémée, Copernic même,
devaient une grande partie de leurs connaissances aux Égyptiens, aux Chaldéens,
aux Indiens, ils suivaient une route bat-
tue. Ce savant, au contraire, ne fut rede-
vable qu'à son génie des découvertes qui
l'ont rendu si célèbre; l'antiquité ne lui
avait pas légué de traces qui pussent le
mettre sur la voie. Galilée vivait à la même époque : tandis que l'un traçait les orbites des planètes et fixait les lois de leurs
mouvemens, l'autre soumettait à ses recherches les lois du mouvement en général
qui étaient négligées depuis deux mille
ans. C'est en s'aidant des travaux de ces
deux savans que Newton et Huygens pu-
rent dans la suite déterminer tous les mouvemens planétaires. Galilée avait démontré, d'une manière incontestable, que la
terre est animée d'un mouvement diurne

et annuel ; mais sa doctrine était contraire aux idées reçues. Les cardinaux le mandèrent, et sans égard pour son âge, ses vertus et ses connaissances, le condamnèrent à une prison perpétuelle ; c'était un impie à la façon de Pythagore, il proclamait les lois par lesquelles le monde est régi.

Depuis Newton qui la perfectionna, l'astronomie n'a cessé d'être cultivée par des hommes qui se sont rendus illustres par leur mérite et leurs découvertes ; mais nous ne voulons donner qu'un précis de cette science, nous ne pouvons nous arrêter à ceux qui l'ont étendue.

Définitions et explications préliminaires.

On désigne communément par le nom d'*étoiles* tous les corps qu'on aperçoit dans le ciel ; mais les astronomes les divisent en plusieurs classes. Ils appellent *fixes*, celles qui paraissent toujours conserver la même distance entre elles. Le soleil est une étoile fixe, son mouvement apparent est dû à celui de la terre ; on suppose que toutes les autres étoiles fixes sont des soleils qui ne nous paraissent petits que par la distance immense à laquelle ils sont de nous. On suppose qu'ils ont une lumière propre.

Le nom de *planète* vient d'un mot grec qui signifie errant ; on le donne à ces étoiles qui changent continuellement de position l'une par rapport à l'autre et aux étoiles fixes.

Herschell définit les planètes, des corps célestes d'une grandeur considérable et d'une petite excentricité d'orbite, qui se meuvent dans des plans qui ne dévient que de quelques degrés de celui de la terre en ligne directe, et qui se meuvent dans des orbites très-éloignés l'un de l'autre avec de vastes atmosphères, qui cependant ont à peine un rapport sensible avec leurs diamètres. Elles ont des satellites ou anneaux.

On distingue les planètes en *primaires* et en *secondaires*. Les primaires sont celles qui tournent autour du soleil comme centres ; et les secondaires, appelées aussi satellites ou lunes, celles qui se meuvent autour d'une planète primaire comme centre, et la suivent dans sa révolution autour du soleil.

Les planètes primaires se distinguent encore en *supérieures* et en *inférieures*. Les supérieures sont celles qui sont plus éloignées du soleil que la terre, comme Mars, Jupiter, Saturne et Herschell ; les inférieures celles qui sont plus près du soleil que nous, comme Vénus, Mercure.

Quant aux planètes nouvellement découvertes, telles que Cérès, Junon, Pallas, Vesta, et à celles qu'on découvrira par la suite, Herschell a proposé de leur donner le nom d'*astéroïdes*. Il désigne ainsi des corps célestes qui se meuvent dans des orbites d'une excentricité quelconque autour du soleil, quel que soit l'angle d'inclinaison du plan de cet astre par rapport à l'écliptique. Le mouvement peut être direct ou rétrograde, et ces corps peuvent avoir ou n'avoir pas d'atmosphères.

Les *comètes* sont des corps dont la direction est indéterminée, qui décrivent des orbites très-excentriques, qui prennent toute espèce de positions et ont des atmosphères très-étendues.

2

Les planètes, les satellites, les astéroïdes et les comètes n'ont qu'une lumière réfléchie.

Les planètes sont désignées sur les sphères et dans les tables par un caractère particulier. Mercure a pour signe ☿ ; Vénus ♀ ; la Terre ♁ ; Mars ♂ ; Jupiter ♃ ; Saturne ♄ ; Herschell ou Uranus ♅ . Les astéroïdes n'ont pas encore reçu de signe particulier.

L'orbite d'une comète ou d'une planète est la ligne courbe qu'elle décrit dans sa révolution autour du corps qui lui sert de centre. Celles de toutes les planètes sont des ellipses qui approchent très-près du cercle. Celles des comètes au contraire s'en éloignent beaucoup, ce qu'on exprime en disant qu'elles ont une grande excentricité.

Le mouvement est *direct* quand les planètes paraissent se mouvoir de l'ouest à l'est. Il est *rétrograde* quand elles semblent emportées en sens contraire, c'est-à-dire de l'est à l'ouest. Elles sont stationnaires lorsqu'elles paraissent se maintenir quelque temps à la même place.

L'*écliptique* est la trajectoire que la terre semble décrire à travers les étoiles fixes, pour un observateur placé dans le soleil, ou, ce qui revient au même, celle que le soleil semble parcourir pour un observateur placé sur la terre.

Le *zodiaque* est une zone qui s'étend de huit degrés sur chaque côté de l'écliptique tout autour du ciel ; il se divise en douze parties égales qu'on appelle signes ; et comme un cercle, quel qu'il soit, est supposé divisé en trois cent soixante degrés, chaque signe du zodiaque en contient trente.

Chaque signe du zodiaque porte un nom particulier, figuré par un symbole que souvent on emploie seul. Voici ces noms et ces symboles. Le bélier ♈ ; le taureau ♉ ; les gémeaux ♊ ; le cancer ♋ ; le lion ♌ ; la vierge ♍ ; la balance ♎ ; le scorpion ♏ ; le sagittaire ♐ ; le capricorne ♑ ; le verseau ♒, et les poissons ♓ . Les signes du zodiaque sont situés dans l'ordre où on vient de les nommer en allant de l'ouest à l'est, c'est cet ordre qu'on appelle l'ordre des signes.

Les étoiles fixes se divisent en groupes qu'on appelle *constellations;* celles-ci comprennent un certain nombre d'étoiles qui semblent voisines l'une de l'autre. Les anciens les désignèrent par des noms d'hommes, d'oiseaux, de poissons, de manière à indiquer l'étoile d'une constellation donnée sans la dessiner. Ils disaient, par exemple, l'étoile de l'épaule d'Orion, de la queue de poisson, etc.

L'utilité de ces dénominations les a perpétuées parmi nous. Nous employons ces constellations pour désigner un assemblage d'étoiles dans une certaine portion du ciel; mais nous distinguons chacun de ces corps par une lettre grecque, ou par les nombres 1, 2, 3, 4, etc., et nous en assignons le lieu en indiquant la distance où il se trouve de quelques points particuliers.

L'horizon est *sensible* ou *rationnel.* L'horizon sensible est le cercle qui limite notre vue : l'horizon rationnel ou vrai est parallèle au premier; c'est un cercle qui embrasse le ciel et qu'on suppose formé par le prolongement d'un plan qui passerait

par le centre de la terre. Les plans de ces
deux horizons sont séparés par le demi-
diamètre de la terre ; mais par rapport au
ciel ils peuvent être considérés comme
coïncidant ensemble, attendu que l'éloignement où se trouvent les étoiles fixes
est si prodigieux qu'on peut négliger l'erreur que l'on fait en considérant le demi-
diamètre de la terre comme un point.

La *sphère* est l'orbite concave ou l'é-
tendue qui environne notre globe et dans
lequel nous voyons les corps célestes.

La sphère paraît tourner autour de deux
points opposés qu'on appelle *pôles*; l'un
est dit *arctique* ou *pôle nord*, et l'autre
antarctique ou *pôle sud*. L'axe ou la ligne
imaginaire qui joint les deux pôles porte
le nom d'*axe du monde*.

Le *zénith* est le point le plus élevé du
ciel, ou celui qui est directement au-dessus
de notre tête.

Les *nœuds* sont les deux points dans
lesquels l'orbite d'une planète coupe l'é-
cliptique. Le nœud d'où la planète s'élève
vers le nord, au-dessus du plan de l'é-
cliptique, est le *nœud ascendant* ; celui

2*

d'où elle descend vers le sud est le *nœud descendant*. La ligne qui va d'un nœud à l'autre s'appelle la *ligne des nœuds*.

L'*orbite* de chaque planète étant une ellipse dont le soleil occupe un des foyers, il est évident que les distances des planètes à cet astre sont différentes en différens temps. Les points de la plus grande et de la plus petite distance portent en général le nom de *apsides* de la planète; quand on les considère isolément on appelle *aphélie*, celui de la plus grande distance, et *périhélie* celui de la plus petite. La ligne qui les réunit se nomme la *ligne des apsides*, qu'on suppose passer par le centre du soleil.

Quand le soleil ou la lune se trouve le plus rapproché possible de la terre, on dit qu'il est à son *périgée*; à son *apogée* quand il en est le plus éloigné.

Pour une personne placée exactement sous l'équateur, les pôles se trouvent dans l'horizon; c'est pour cela qu'on nomme cette position la *position droite de la sphère*.

L'horizon de ceux qui ont les pôles à leur

zénith coïncide avec l'équateur ; c'est pour cela que cette situation est dite une *sphère parallèle*.

Pour tous les autres habitans de la terre, on dit que la sphère est dans une position oblique, parce que l'équateur n'est ni perpendiculaire, ni parallèle, mais oblique à l'horizon.

DEUXIEME LEÇON.

Des mouvemens apparens des corps célestes.

QUAND nous portons nos yeux vers le ciel, nous apercevons un vaste hémisphère concave, situé à une distance inconnue, dont nous semblons former le centre. La terre, ou notre horizon sensible, s'étend de chaque côté comme une plaine immense dont les bornes paraissent se réunir au ciel. Nous voyons le soleil se lever à l'est et se coucher à l'ouest ; la lune et les étoiles nous paraissent suivre le même cours. En examinant les choses avec soin, nous nous apercevons bientôt que ces deux corps ne se lèvent et ne se couchent pas toujours au même point. Si nous examinons le soleil au commencement du mois de mars, nous trouvons qu'il se lève au nord, qu'il reste plus long-temps sur l'horizon, et qu'à midi.

il approche plus près du zénith. Il continue de s'avancer ainsi jusque vers la fin
de juin, où il commence son mouvement
rétrograde, qui s'exécute dans le même
ordre et se prolonge jusque dans les derniers jours de décembre. Il atteint alors le
point le plus bas, d'où il s'avance pour
rétrograder encore.

Le mouvement de la lune et l'aspect
dans lequel elle se présente aux différentes
époques de son cours, sont encore plus
remarquables que ceux du soleil. Quand
elle devient visible, à l'époque de la nouvelle lune, elle se montre dans la partie
ouest du ciel et à peu de distance du
soleil. Elle grandit chaque nuit et s'éloigne
de plus en plus, jusqu'à ce qu'enfin elle
se lève à l'est de l'horizon, précisément à
l'heure où le soleil se couche à l'ouest; alors
elle nous présente une face complètement
circulaire. Elle appuie ensuite graduellement vers l'est, diminue de grandeur, et
s'élève de plus en plus chaque nuit, jusqu'à
ce qu'elle soit aussi près du soleil à l'est
qu'elle l'était à l'ouest, et se montre le
matin un peu avant lui; comme dans la

première partie de son cours on l'aperçoit dans l'ouest un peu, après lui. Ces différentes phases s'achèvent dans l'espace d'un mois, après quoi elles se reproduisent dans le même ordre. Elles ne sont cependant pas constamment régulières; dans quelques saisons de l'année, en été surtout, la lune paraît plusieurs jours de suite s'éloigner à peine du soleil, et se lever presque à la même heure.

Les étoiles nous présentent des changemens continuels. Tandis que les unes se lèvent à l'ouest, les autres se couchent à l'est. Quand on regarde vers le sud, on en aperçoit à l'horizon qui apparaissent, s'élèvent et disparaissent; il y en a, un peu au-dessus; d'autres, qui se lèvent à l'horizon, décrivent un petit arc et passent au-des-ous; d'autres enfin parcourent un arc plus élevé et sont visibles plus longtemps. Vers le nord, nous voyons des étoiles qui, arrivées aux bornes de l'horizon, remontent vers le milieu du ciel, d'où elles redescendent pour remonter encore, sans jamais disparaître. D'autres, sans descendre jusqu'à ce plan, décrivent des cercles entiers qui diminuent successivement de grandeur jusqu'à ce qu'ils arrivent vers une étoile dont l'œil ne peut apercevoir le mouvement, et autour de laquelle tout l'hémisphère paraît tourner. Cette étoile est celle qu'on appelle *polaire*.

Il est aisé de concevoir, en méditant ces phénomènes, que puisqu'il y a un hémisphère au-dessus de nous, il y en a un au-dessous, que par conséquent la terre est suspendue, avec tous ses habitans, au milieu de cette sphère céleste que l'horizon divise en deux. Aussi trouvons-nous que l'étoile polaire est plus ou moins élevée, selon la partie de la terre d'où on la considère. Les habitans de la Laponie, par exemple, la voient plus près du zénith que nous; à notre tour, nous la voyons plus près de ce point que ceux qui habitent l'Espagne, et ceux-ci plus près que ceux qui vivent en Barbarie. Elle paraît, à mesure qu'on s'avance vers le sud, de plus en plus près de l'horizon, jusqu'à ce qu'enfin elle cesse d'être visible. On aperçoit alors dans la partie sud de l'horizon, un autre point autour duquel les étoiles semblent tourner ; mais il n'y en a pas dans cette partie du ciel un aussi grand nombre, ni aussi près du pôle.

Il résulte de ce que nous venons de dire que si l'opacité de la terre ne limitait pas notre vue, le ciel nous paraîtrait une vaste sphère concave qui tourne sur deux points fixes en vingt-quatre heures.

Pour se faire une idée exacte des mouvemens des corps célestes, il est nécessaire de pouvoir indiquer avec précision les lieux qu'ils occupent. On y parvient en supposant tracé sur la surface d'une sphère un certain nombre de lignes ou de cercles divisés en degrés, minutes et secondes ; nous avons déjà dit qu'un degré était la 360e. partie d'une circonférence ; une minute est la 60e. d'un degré, et une seconde la 60e. d'une minute. Quand ces divisions ne sont pas exprimées par des mots, les premiers sont marqués par un zéro ^{0} écrit à la partie supérieure du nombre ; les deuxièmes par un trait $'$, et les troisièmes par deux traits $''$. Nous allons maintenant démontrer par une figure la position des axes du monde auxquels se rapportent ces cercles imaginaires; Soit HO, *fig.* 1, *pl.* II, le cercle de l'horizon; HMNO la sphère complète du ciel, dont on voit seulement une moitié à la fois; HMO sera l'hémisphère visible, et HNO l'hémisphère invisible; P sera le pôle ou le point fixe parmi les étoiles visibles, autour duquel notre sphère paraît tourner; le point opposé sera en R, et la ligne PR l'axe de la sphère.

Si on mène par le centre de la terre la ligne QE, elle représentera le bord d'un grand cercle, qui sera éloigné d'un quart de cercle ou 90 degrés de chaque pôle. On l'appelle *équateur* parce qu'il divise le ciel en deux parties égales, le nord et le sud.

L'équateur est toujours le même par rapport au pôle; mais l'horizon, et par conséquent l'hémisphère qu'il regarde, changent avec la situation de l'observateur. Il en est de même de la position du zénith et de celle du nadir, ces deux points étant toujours à 90^0 de distance de l'horizon. Si HO est l'horizon,

3

M sera le zénith, et le point opposé N le nadir.

L'horizon d'un spectateur ne peut jamais coïncider avec l'équateur; son zénith et son nadir ne peuvent pas non plus le faire avec l'axe de la sphère, à moins qu'il ne soit placé exactement au pôle. Le zénith et le nadir sont souvent appelés les *pôles de l'horizon*. On doit soigneusement distinguer ces pôles, qui varient avec la place du spectateur, de ceux du monde, qui sont fixes.

Les cercles tirés du zénith et du nadir sont perpendiculaires à l'horizon, et appelés, à raison de cette circonstance, *cercles verticaux* ou *azimuths*.

Deux de ces cercles verticaux ou azimuths surtout sont importans : le *méridien* qui passe par les pôles, le zénith et le nadir, et coupe l'équateur à angle droit. Il est clair, d'après cela, qu'un observateur, marchant du nord au sud, peut faire le tour du globe sans changer de méridien ; tandis que, s'il va de l'est à l'ouest, il en change continuellement. Le nombre des méridiens est infini ; mais on en trace rarement plus de trente-six sur les cartes et globes. A midi, quand le soleil a atteint sa plus grande élévation, il a son centre précisément sur le méridien du lieu où se fait l'observation, et, du moment qu'il l'a passé, il décline vers l'ouest. Le méridien divise les cercles décrits par les étoiles en deux parties égales ; et ceux de ces corps qui ne descendent jamais sous l'horizon, le croisent deux fois en vingt-quatre heures. Les autres, et même le soleil, en font autant ; mais quand ils passent au méridien qui est sous notre horizon, ils deviennent invisibles pour nous.

Le second azimuth remarquable s'appelle le *vertical :* il divise les côtés est et ouest de l'horizon en deux parties égales, et les points d'intersection s'appellent les points est ou ouest vrais : ainsi le *méridien* et le *vertical* divisent l'horizon en quatre parties égales, le nord, l'est, le sud et l'ouest qui prennent le nom de *points cardinaux.*

Ces trois grands cercles, l'équateur, le méridien et le vertical, forment la base à laquelle se rapportent les observations des corps célestes ; il est par conséquent néces-

saire de déterminer leurs positions les uns
par rapport aux autres. Si l'étoile polaire
était exactement au pôle du ciel, il suffi-
rait, pour avoir la hauteur du pôle, de prendre celle de cette étoile ; mais comme elle
en est éloignée d'environ $1^o\frac{1}{2}$, il faut les
ajouter à cette hauteur pour avoir celle
du pôle. L'élévation du pôle une fois connue, il est aisé de trouver celle de l'équateur. Ainsi dans la fig. 1, pl. II, **HMO**,
où la partie visible du ciel contient 180°
il y en a 90° du pôle **P** à l'équateur **E** ; si
nous prenons **PE** sur le demi-cercle **HMO**,
il restera 90° pour les deux autres axes
PH et **EO**, c'est-à-dire que l'élévation du
pôle et celle de l'équateur réunies égalent
90°, et que quand l'une des deux est connue, il suffit de la retrancher de 90°, pour
avoir l'autre. Ainsi l'élévation du pôle
dans un lieu donné est égale à ce qui manque à celle de l'équateur pour faire 90°,
et l'élévation de l'équateur est égale à la
distance du pôle **P** au zénith **M**.

L'écliptique coupe l'équateur en deux
points. Le soleil en parcourt la partie supérieure en été et la partie inférieure en

hiver. Les deux points qui sont ceux où l'astre est le plus éloigné de l'équateur sont appelés *points solsticiaux*, et ceux qui marquent l'intersection de l'écliptique avec l'équateur *points équinoxiaux*.

Le *colure équinoxial* est le grand cercle qui est perpendiculaire à l'équateur dans les points équinoxiaux. Le colure solsticial est un autre grand cercle qui coupe aussi l'équateur à angle droit en passant par les points solsticiaux et les pôles de l'écliptique.

L'angle que le plan de l'écliptique fait avec l'équateur forme l'*obliquité de l'écliptique*. Celle-ci est égale à l'élévation du soleil sur l'équateur, quand il est dans l'un des points solsticiaux; elle est d'environ $23° \frac{1}{2}$.

Les plus petits cercles de la sphère sont ceux qui ont leur centre dans l'axe, mais non dans le centre de la sphère; deux d'entre eux coupent les points solsticiaux, et leurs plans sont à angle droit avec l'axe du monde, comme AC, BD, fig. 1, pl. II. Ils sont appelés les *tropiques*; celui qui est au sud de l'équateur est le *tropique du capricorne*, celui qui est au nord le *tropi-que du cancer*. Les deux cercles polaires FG, IK sont à la même distance des deux pôles que les tropiques de l'équateur, d'environ 23° ½.

La distance des corps célestes par rapport à l'équateur forme leur *déclinaison*; on se sert de ce mot en ajoutant celui de boréale ou australe pour indiquer de quel côté ils se trouvent. La déclinaison du soleil ne peut jamais excéder l'obliquité de l'écliptique; mais celle des étoiles est extrêmement variable, parce que ces corps se trouvent à tous les degrés de hauteur. Les grands cercles menés par les pôles de l'équateur s'appellent *cercles de déclinaison* ou *méridiens* parce que c'est sur eux qu'on mesure la déclinaison; vingt-quatre d'entr'eux portent le nom de *cercles horaires* parce que chacun d'eux contient 15 degrés, espace que le soleil parcourt dans une heure.

L'ascension droite des corps célestes est la distance où ils se trouvent du premier point du bélier ♈, évaluée en temps sur l'équateur qu'il coupe par un cercle de déclinaison passant par le corps de la constellation, en comptant, comme on l'a dit, 15 degrés par heure.

L'*ascension oblique* d'un corps est un arc de l'équateur qui s'étend, conformément à l'ordre des signes du bélier, au point de l'équateur qui s'élève avec l'étoile dans une sphère oblique; la différence entre les ascensions droite et oblique d'un corps s'appelle *différence ascensionnelle*.

La *latitude* d'une étoile est sa distance à l'écliptique, mesurée sur un *cercle de latitude*, qui est un cercle perpendiculaire à l'écliptique; elle est boréale ou australe, suivant que la situation de l'étoile est de l'un ou de l'autre coté de l'écliptique.

La *longitude* d'une étoile se prend du premier point du Bélier, à la place où une ligne menée de l'étoile coupe perpendiculairement l'écliptique, ou le cercle de longitude de l'étoile. Les *cercles de longitude* sont des cercles parallèles à l'écliptique, et qui diminuent à mesure qu'ils s'en éloignent.

Quand on parle de la latitude ou de la longitude d'un corps céleste comme s'il était vu du centre du soleil, on dit qu'elle est *héliocentrique*; mais, quand il est vu de la terre, la longitude ou la latitude est dite *géocentrique*.

TROISIÈME LEÇON.

De la figure, du mouvement et de la grandeur de la terre. — De la grandeur et de la distance du soleil et de la lune, et du mouvement des planètes.

———

Les hommes durent d'abord regarder la terre comme une plaine sans limites, et nous avons des raisons de croire que ce ne fut pas sans peine qu'ils revinrent de cette erreur. A force cependant d'observer et de comparer, il fallut bien reconnaître qu'il n'en pouvait être ainsi; qu'elle n'était ni plane ni indéfinie. Dans les contrées plates de l'est, on remarqua, en approchant des objets élevés et placés à de grandes distances, qu'on apercevait d'abord le sommet, puis les parties moins élevées, et enfin la base qui apparaissait la dernière. Ce phénomène ne tenait pas à des circonstances accidentelles, car on le remarquait dans toutes les directions, et il était d'autant plus sensible que l'atmosphère était plus pure. Si la surface de la terre était plane, celle de l'eau le serait aussi. Il n'y a ici ni inégalités ni obstacles, tout tend au niveau. Cependant, quand un vaisseau s'éloigne du rivage, la base des objets disparaît d'abord, puis le centre et le sommet; le phénomène est plus remarquable encore que sur terre. Il ne peut donc rester de doute sur la convexité du globe. Le progrès des connaissances a rendu plus vraisemblable ce fait, qui a été mis hors de doute par une circonstance que tout le monde comprendra. Magellan, Drake, Anson, Cook et d'autres, ont à différentes fois fait le tour de la terre. Ils étaient partis des ports d'Europe et avaient dirigé leur course vers l'ouest; ils se retrouvèrent enfin au lieu de leur départ, ce qui n'eût pu avoir lieu si la terre n'était d'une forme arrondie. Les navigateurs, les voyageurs qui ont parcouru le monde dans toutes les directions, se sont trouvés partout environnés d'une immense voûte à laquelle les étoiles semblaient attachées.

La terre n'est donc pas suspendue à ce que les hommes appellent un support; elle existe par elle-même parfaitement détachée, et nage dans l'espace.

Il résulte de là que les hommes dont les pieds sont dirigés vers le centre de la terre doivent être directement inclinés les uns par rapport aux autres, comme on le figure en menant des lignes de la circonférence d'un cercle à son centre, ou en couvrant une balle de jeu d'épingles fixées dans la même direction. Ceux qui habitent des contrées diamétralement opposées, sont les *antipodes* les uns des autres.

Quand on s'est fait une idée exacte de la sphéricité de la terre, il est facile d'arriver à celle de sa grandeur. Nous avons déjà vu qu'on a fait une tentative pour la mesurer 550 ans avant notre ère ; mais ce ne fut qu'en 1635 qu'on mit quelque exac titude dans cette opération ; Richard Norwood mesura avec une chaîne la distance qui sépare Londres d'Yorck ; il prit la hauteur méridienne qu'avait le soleil au même instant à chacune des extrémités de cette base connue, et il en conclut qu'un

degré ou la trois cent soixantième partie
de la terre était de 111,927.1684 mètres,
et que par conséquent la circonférence
de la terre était d'environ 40,290,582.4124
mètres. Quand on crut avoir reconnu la
grandeur de la terre, la première chose
qui dut se présenter à faire fut de chercher à évaluer la distance où elle se
trouve du soleil, de la lune et des étoiles.

Quand on compare les effets d'un feu
artificiel avec ceux du soleil, on est forcé
d'admettre que la dimension de cet astre
est très-grande; mais dans les premiers
siècles l'homme était hors d'état d'approcher de la vérité; car, pour évaluer les
distances dont il s'agit, il faut avoir recours à une méthode fondée sur des principes mathématiques, et qui est analogue
à celle dont on se sert pour mesurer la
distance des objets terrestres entre eux.
On prend une base de grandeur connue;
on évalue au moyen d'un cadran les angles que forment à ses extrémités les rayons
visuels qui partent de l'objet dont il faut
déterminer la distance; on soustrait leur
somme de 180°; la différence donne l'an-

gle que forment ces rayons avec l'objet sur lequel ils se réunissent. Cet angle porte le nom de parallaxe. Dès qu'elle est connue, les mathématiciens trouvent aisément, à l'aide de la trigonométrie, la distance où est l'objet. Soit AB, fig. 2, pl. II, la base donnée, et C la distance qu'on veut mesurer. On détermine, par expérience, les angles CAB et CBA., que forment les rayons CA et CB avec cette base ; on en fait la somme ; on la retranche de 180° ; la différence donne l'angle ACB, qui est la parallaxe de l'objet C. Nous avons, par ce moyen, la grandeur apparente de la base AB, vue de C. Quand on applique cette méthode aux corps célestes, il est nécessaire d'avoir la plus grande base possible. La parallaxe d'une étoile, dans le sens de l'astronomie usuelle, est la différence qu'il y a entre sa distance apparente et vraie du zénith. Nous devons observer, à cet égard, que quand une étoile est au zénith, elle se montre à l'observateur, placé à la surface de la terre, comme elle lui apparaîtrait s'il était au centre, c'est pourquoi on dit qu'elle est à sa vraie place ; mais,

4

quand elle n'est pas au zénith, l'observateur ne la voit pas au point où il la verrait s'il la regardait du centre de la terre; dans tous les cas, la différence entre la place apparente et vraie d'un objet est d'autant moindre que sa distance est plus considérable. De toutes les méthodes de prendre une parallaxe, voici peut-être la plus simple. Supposons que nous voulions déterminer la distance de la lune; nous avons la mer pour horizon, et nous sommes placés de manière que l'astre passe à notre zénith. Soit A, fig. 3, pl. II, la terre, et a la place de l'observateur auquel nous donnons un quadrant bc, avec lequel il peut saisir l'instant où la lune arrive au zénith. Comme elle passe de nouveau d'un méridien à ce méridien en 24 heures 48 minutes, elle fera un quart de circuit, par exemple, de d à e, en un quart du temps, ou en 6 heures 12 minutes. Mais l'observateur trouve qu'elle se couche avant que les 6 heures et 12 minutes soient expirées; il note cette circonstance, car lorsque l'astre arrive à l'horizon sensible acg, il se couche pour lui. Mais l'horizon sensible est parallèle à l'horizon rationnel *ke*; une diagonale *ae* fera par conséquent l'angle *cz* égal à *n*, angle opposé. Si vous voulez avoir la valeur de cet angle *cz*, dites, si 6 heures et 12 minutes sont nécessaires pour accomplir un quart du circuit de la lune ou 90°, de *d* à *e*, combien de degrés parcourra-t-elle pour venir du zénith à l'horizon sensible, ou *d* à *g*? Retranchez-les de 90° du quart de cercle *de*, vous aurez l'arc *ge* ou l'angle *cz*. Maintenant, comme l'angle *n* est égal à *cz*, nous aurons un triangle rectangle *ake*, dont nous connaissons un angle et un côté, car *ak*, demi-diamètre de notre globe, a environ 49,823,951,364 mètres ; et comme une des propriétés du triangle rectangle est d'avoir ses côtés proportionnels aux côtés des angles opposés, l'angle *n* est au côté opposé *ak* comme l'angle *o* est au côté opposé *ke*, ou la moyenne distance du centre de la terre à la lune, est de 386,233,416 mètres. La parallaxe, ou angle *n*, est, terme moyen, d'environ 57 secondes.

La distance du soleil est si grande que la parallaxe de cet astre, ou l'angle *ga*S,

4.

est trop petit pour qu'on puisse le mesurer avec quelque exactitude au moyen
d'une parallaxe horizontale. Le rayon de
la terre comparé à cette distance est un
espace presque insignifiant. Halley avait
recommandé les passages de Vénus qui
devaient arriver en 1761 et 1769 comme
offrant le meilleur moyen de déterminer
la distance dont il s'agit. Le passage d'une
planète a lieu quand elle se trouve exactement entre le soleil et la terre, et qu'elle
passe sur le disque de la dernière sous la
forme d'un petit rond, d'un point obscur.
Il n'y eut dans le dernier siècle que deux
passages de Vénus, et il n'y en aura plus
jusqu'en 1874. Par ces passages, qui furent
très-soigneusement observés, la presque
totalité du diamètre de la terre formait
une parallaxe au lieu du demi-diamètre, par
lequel on obtint ainsi un angle commen-
surable. Vénus se meut dans son orbite
suivant la direction zn, fig. 4, pl. II. On
la verrait du centre de la terre c se mouvoir sur le disque du soleil de s en v; un
observateur placé en a verrait le contact
en s au même instant qu'un autre placé

en *b* verrait la planète en *u;* et qu'un troisième en *d* la verrait sortir en *v,* suivant la ligne *dVv.* Ce serait ce qui aurait lieu si la terre était en repos ; mais elle tourne sur son axe dans la direction *abd.* Si la planète restait en V pendant que la terre tourne de *a* en *d,* ce temps serait aisément reconnu dans l'angle parallactique *aVd,* et serait traité comme celui de la lune ; mais le mouvement de Vénus, celui de la terre, doivent entrer dans le calcul, ainsi que les observations faites à différentes latitudes. En prenant toutes les précautions possibles, et en faisant toutes les corrections nécessaires, on trouve que la parallaxe du soleil est d'environ 8″ ; cet angle, quoique très-petit, peut se calculer, et la distance du soleil qui s'en déduit est de plusieurs centaines de millions de mètres.

La distance du soleil et celle de la lune déterminées, il est facile de s'assurer de la grandeur relative de ces deux corps, ou du moins d'en approcher beaucoup, au moyen de quelques calculs simples qui reposent sur les principes de l'optique. L'an-

4*

gle soutendu d'un objet à l'œil est aisé à
mesurer; il est d'autant plus petit que la
distance est plus considérable. Celle-ci
donne le rayon d'un cercle dont le centre
est sur la pupille de l'œil de l'observateur,
et sur la circonférence duquel est l'objet,
que nous supposerons être le soleil. Quand
on a le rayon, on détermine, par la méthode ordinaire, la circonférence de ce
cercle immense, et, quand on a celle-ci,
on trouve aisément la valeur des degrés, minutes, etc. En multipliant le nombre de minutes que soutend le soleil par
la valeur de l'une d'elles, on a le diamètre de cet astre. Il y a une multitude
de moyens mécaniques et mathématiques
d'évaluer les distances et les grandeurs du
soleil et de la lune; mais il est inutile
d'entrer dans ces détails; nous nous bor-
nerons à donner, en rapportant les résul-
tats, une idée générale de ces méthodes.
Les calculs les plus nouveaux et les plus
exacts assignent 3,508,383 mètres au diamètre de la lune, et 14,114,122,040 à celui du soleil.

Quand on s'est rendu familières la sphéricité de la terre, son isolement, sa grandeur, qu'on possède bien la doctrine de l'attraction, et qu'on a comparé sous ce triple rapport la planète où nous vivons avec le soleil et la lune, on peut rechercher si les mouvemens de ces deux derniers corps sont réellement tels qu'ils le paraissent, et quel est celui des trois qui tourne autour de l'autre. La lune nous présente toujours la même face; elle tourne donc autour de la terre, sans cela cette constance serait impossible. Quant au soleil, tout tend à prouver que les apparences sont trompeuses. Il est un million dé fois plus grand que la terre. Pour tourner autour d'elle en vingt-quatre heures, il faut qu'il parcoure plus de cent millions de mètres par heure. Or on ne peut admettre qu'un corps d'une grandeur si prodigieuse tourne avec une telle vitesse autour d'un autre corps qui n'est qu'un point par rapport à lui. Il serait absurde de supposer qu'un grain de poivre mettrait en mouvement une meule de moulin, ou un grain de sable une montagne. Cette hypothèse serait contraire à

tout ce que nous connaissons de la sim-
plicité des lois de la nature, qui accomplit
toujours les plus grandes choses avec les
moyens les plus simples. Si nous considérons les autres phénomènes célestes, les
difficultés augmentent encore ; enfin la
confusion devient inextricable, et l'on est
forcé de renoncer à l'immobilité de la
terre. Les recherches les plus exactes ont
prouvé qu'elle a au moins deux mouvemens ; un sur son axe, c'est le mouvement
diurne, qui la fait tourner de l'ouest à
l'est en vingt-quatre heures ; l'autre est un
mouvement progressif qu'on appelle annuel, et qui l'entraîne autour du soleil
en un an. C'est ce mouvement annuel qui
produit les vicissitudes des saisons, l'été,
l'hiver, le printemps et l'automne.

Le mouvement de la terre admis, ainsi
que la grandeur et la distance de la lune
et du soleil, l'astronomie, tout immense
qu'elle paraît, ne présente plus ni doutes
ni incertitudes. On sait d'après des données aussi incontestables que les faits que
nous avons établis jusqu'ici, que les planètes, les comètes tournent autour du so-

leil, qu'elles décrivent différens orbites, et sont de véritables mondes. Nous allons cependant présenter quelques remarques sur la puissance qui les enchaîne dans l'ordre où nous les observons ; nous passerons ensuite au système solaire.

Quand Newton réforma la physique, il suivit un plan tout différent de ceux qu'on avait essayés jusqu'à lui. Il proposa de n'admettre aucune hypothèse qu'elle ne fût appuyée sur des données exactes et claires. Partant ainsi de faits bien connus, il pensait qu'on peut arriver avec certitude à ce qui se passe dans les régions célestes. Il fut, dit-on, conduit à imaginer le système de gravitation, qui est aujourd'hui universellement adopté, par la circonstance qui suit. Il se promenait dans un jardin ; des pommes tombèrent ; il chercha à quoi tenait la chute ; il médita sur la gravité, l'intensité de cette force qui n'était pas sensiblement affaiblie, à la plus grande distance du centre de la terre où l'on puisse parvenir, au faîte des bâtimens les plus élevés comme sur les cimes des plus hautes montagnes. Il lui parut, en consé-

quence, convenable d'admettre que son
action s'étendait beaucoup plus loin qu'on
ne le croyait généralement. Ce fut un
trait de lumière. Agit-elle sur la lune ?
modifie-t-elle le mouvement de l'astre ?
Peut-être c'est elle qui le retient dans son
orbite : quoiqu'elle ne soit pas sensiblement affaiblie dans les légères distances
auxquelles nous pouvons nous placer du
centre de la terre, il est possible qu'à ce
point éloigné, elle agisse avec beaucoup
moins d'énergie qu'elle ne fait sur le globe
où nous sommes. Il chercha à vérifier ces
conjectures ; il réfléchit que si c'était la
gravité qui retenait la lune dans son orbite, les planètes primaires devaient l'être
aussi par une cause analogue autour du
soleil ; et comparant les périodes de plusieurs d'entre elles avec les distances où
elles sont de cet astre, il trouva que si
une force comme la gravité les maintenait
dans leurs cours, son intensité devait décroître dans une proportion double de
l'augmentation de la distance. Cette conclusion reposait sur l'hypothèse que ces
corps se meuvent dans des cercles par-

faits autour du soleil. Elle n'était pas exacte, néanmoins l'erreur était de peu de conséquence.

Pour reconnaître le mouvement perpétuel des planètes, et des satellites dans leurs orbites, Newton eut recours à la force de gravité et à une force projectile qui se combinait avec elle. Le mouvement projectile uniforme des corps en ligne droite, et la puissance d'attraction à laquelle ils obéissent, engendrent le mouvement curviligne de toutes les planètes. Si le corps A est projeté suivant la ligne droite ABX, fig. 5, dans l'espace libre où il ne rencontre aucune résistance qui l'affaiblisse, ni aucun obstacle qui le dévie, il continuera indéfiniment avec la même vitesse et dans la même direction ; car la force qui l'a fait mouvoir de A à B dans un temps donné, le portera de B à X dans le même temps, et ainsi de suite, puisqu'il n'y a rien qui altère ce mouvement ; mais si, arrivé en B, il est attiré par S avec une force convenable et perpendiculaire à son mouvement, il sortira de la ligne droite ABX et décrira autour de S

le cercle BYTU. Si quand le corps A se
trouve dans une autre partie de son orbite, le petit corps *u* situé dans la ligne
d'attraction de U est projeté suivant la
ligne droite Z, avec une force perpendiculaire à l'attraction de U, il tournera autour de U dans l'orbite W et l'accompa-
gnera dans son cours autour du corps S.
Ici S représente le soleil, U la terre et *u*
la lune.

Si une planète en B gravite ou est attirée vers le soleil de manière à tomber
de B en *y* dans le temps que la force projectile l'aurait portée de B en X, elle décrira la courbe BY par l'action combinée
de ces deux forces, dans le même temps
que la force projectile seule l'eût portée
de B en X, ou que la gravité seule l'eût
fait descendre de B en *y* ; ces deux forces
étant prises dans une proportion convenable et perpendiculaire entre elles, la
planète qui leur obéit à l'une et à l'autre
parcourra le cercle BYTU. Pour que la
force projectile balance la puissance de
gravitation, au point de faire décrire un
cercle au corps, il faut que la vitesse pro-

jectile de celui-ci soit égale à celle qu'il aurait acquise par la gravité seule, en tombant suivant le demi-rayon du cercle.

Mais si, pendant que la force projectile porte la planète de B en b, l'attraction du soleil (qui constitue la gravitation de la planète) la faisait descendre de B en I, la puissance de gravitation serait trop considérable, et forcerait la planète à décrire la courbe BC. Arrivée en C la gravitation (qui augmente comme le carré de la distance du soleil S diminue) serait encore plus forte que la force projectile; elle accélérerait de plus en plus le mouvement de la planète de C à K, et lui ferait décrire les arcs BC, CD, DE, EF, dans des temps égaux; elle acquerrait ainsi une grande force centrifuge ou tendance à s'échapper en K par la ligne K k et à vaincre l'attraction du soleil; la force centrifuge étant trop grande pour permettre à la planète de s'approcher davantage de l'astre ou même de se mouvoir autour, dans le cercle Klmn, elle s'éloigne et décrit la courbe KLMN, etc., avec une vitesse qui décroît graduellement de K en B comme elle aug-

5

mente de B en K, parce que l'attraction
solaire exerce maintenant, mais en sens
contraire, l'action qu'elle déployait auparavant. Quand la planète est revenue en
B , sa force projectile est au-dessous de
son intensité moyenne, autour de F ou M
de la même quantité qu'elle la surpasse
en K. La planète ne pouvant ainsi s'é-
chapper en B, obéit aux mêmes forces et
décrit le même orbite.

Une force projectile double balancera
toujours une gravité quadruple. Supposons que la planète en B ait vers X une
impulsion dix fois aussi grande que celle
dont elle était d'abord animée, c'est-à-dire
qu'elle passe de B en *b* dans le temps
qu'elle mettait à aller de B en *c*. Dans ce
cas, il faut une force de gravité quatre
fois plus grande pour la retenir dans son
orbite , c'est-à-dire qu'elle tombe de B à 4
dans le temps que la force projectile aurait mis à la porter de B en *c* ; autrement
elle ne pourrait pas décrire la courbe BD
comme le montre la figure ; mais la planète
met autant de temps à passer de B en C
dans la partie la plus élevée de l'orbite

qu'elle en met à aller de I en K ou de K en L dans la partie la plus basse, attendu que, d'après l'action composée de ces deux forces, elle doit toujours décrire des aires égales dans des temps égaux pendant sa course annuelle. Ces aires sont représentées par les triangles BSC, CSD, DSE, ESF, etc., qui sont égaux.

Comme les planètes approchent et s'éloignent du soleil à chaque révolution, on peut trouver quelques difficultés à concevoir comment la pesanteur, lorsqu'elle est devenue supérieure à la force projectile, ne les approche pas de plus en plus jusqu'à ce qu'elles finissent par se confondre avec le soleil, ni comment, lorsque la force projectile l'emporte, elle ne les pousse pas hors de la sphère d'attraction de cet astre. Mais cette difficulté disparaît dès qu'on étudie les effets que produisent les forces tels que nous les avons décrits. Supposons que la planète B soit portée par la force projectile de B en *b* dans le temps que la gravité mettrait à la faire descendre de B en *i*; soumise à l'action de ses deux forces, elle décrira la courbe BC. Arrivée en **K**, elle ne sera qu'à la moitié de la distance du soleil **S** où elle était en **B**; il faudra ainsi une gravitation quatre fois plus forte pour la faire tomber de **K** en **V** dans le même temps qu'elle tomberait de **B** en **I** dans la partie supérieure de son orbite, c'est-à-dire à travers quatre fois plus d'espace; mais sa force projectile est alors accrue en **K**, au point qu'elle la porterait de **K** en *k* dans le même temps, distance double de celle où elle était en **B**; ainsi l'excès de la puissance de gravitation ou l'attirerait vers le soleil, ou la ferait tourner dans le cercle **K***lmn*, ce qui déterminerait sa chute de **K** en *w*, à travers un espace plus grand que celui où la gravité peut agir, tandis que la force projectile la porterait de **K** en *k* : ainsi la planète montera dans l'orbite **KLMN**, en diminuant de vitesse par les causes que nous avons déjà assignées.

Le célèbre Kepler a découvert les deux lois du mouvement des planètes qui sont connues sous le nom de ce grand astronome. Les voici :

1°. Si on tire une ligne droite d'une

planète au soleil, et qu'on suppose que cette ligne suit le mouvement périodique de la planète, les aires qu'elle décrira et le chemin de la planète seront proportionnels au temps du mouvement de la planète; par exemple, l'aire décrite en deux heures est double de celle qui l'est en une et le tiers de celle qui l'est en six heures, quoique l'arc qui est décrit par la planète en deux heures ne soit pas double de celui qui l'est en une, ni le tiers de celui qui l'est en six.

2°. Les planètes sont placées à différentes distances du soleil et font leurs révolutions périodiques dans des temps différens; mais les cubes de leurs distances ou des axes principaux de leurs orbites elliptiques sont constamment comme les carrés de leurs temps périodiques, c'est-à-dire des temps pendant lesquels elles accomplissent leurs révolutions périodiques.

Le soleil forme le centre d'attraction autour duquel se meuvent toutes les planètes; mais les planètes et les comètes exercent sur lui une puissance d'attraction que déterminent leur masse et leur distance. L'astre n'est donc pas en repos ; mais comme sa grandeur excède celle des planètes et des comètes prises ensemble, que leurs forces d'attraction s'exercent dans des directions opposées, le centre de gravité de tout le système, qui est le point sur lequel tourne le soleil, est toujours près de lui et généralement en lui-même. Il résulte de ce grand principe d'attraction universelle que les planètes s'attirent entre elles, circonstance qui n'a pas échappé aux astronomes. Quand deux de ces corps sont en conjonction, l'attraction mutuelle qu'ils exercent l'un sur l'autre éloigne un peu l'inférieur et approche le supérieur du soleil. La figure de leur orbite en est un peu altérée, mais si légèrement qu'il faut plusieurs siècles pour la rendre sensible.

Les orbites des planètes qui ont une ou plusieurs lunes sont encore plus sensiblement altérés par l'attraction de ces satellites ; le point, par exemple, qui décrit autour du soleil l'orbite de la terre n'est pas le centre de cette planète, mais le centre de gravité des deux corps qu'on trouve par le calcul, en comparant leur masse à environ 3,218,610 mètres de la surface de la terre. Mais ces irrégularités, qui prouvent l'exactitude de la théorie, sont trop peu considérables pour être remarquées dans un aperçu du genre de celui-ci.

QUATRIEME LEÇON.

Du système solaire.

La planche qui représente le système solaire est destinée à donner une idée de ce système, et suppose le spectateur placé à une distance convenable au-dessus du soleil, et dans une ligne perpendiculaire à l'orbite de la terre. Dans une planche de cette nature, l'exactitude est plus ou moins sacrifiée à la commodité. Le soleil n'est supposé vu que par les rayons de lumière qu'il lance tout autour de lui. Les planètes et leurs satellites, avec leurs distances au centre de cet astre, ne sont pas marquées dans leurs proportions véritables; les orbites de toutes les planètes sont tracés par des cercles qui ne sont en réalité que des ellipses peu prononcées. On n'a montré que quatre comètes parcourant des orbites de différentes excentricités, mais on sait maintenant que le nombre de ces corps est considérable, quoiqu'on ne puisse le déterminer.

Un spectateur placé où nous avons dit, au-dessus du soleil, trouverait le mouvement des planètes extrêmement régulier; mais il est aisé de concevoir que s'il se place de côté, sur la terre, par exemple, il observera de grandes anomalies. Les planètes lui paraîtront quelquefois aller en avant, d'autres fois en arrière, quelquefois même elles lui sembleront stationnaires. Ces irrégularités sont ce qu'elles doivent être, si le système de Copernic est le vrai système de la nature; leur existence est une preuve de sa justesse.

Les planètes du système solaire, telles qu'on les connaît aujourd'hui, sont, en commençant par celle qui est le plus près du soleil:

1. Mercure.
2. Vénus.
3. La Terre avec un satellite ou lune.
4. Mars.
5. Cérès.
6. Pallas.

7. Junon.

8. Vesta.

9. Jupiter avec quatre satellites.

10. Saturne avec sept satellites.

11. Herschell avec six satellites.

Les cinquième, sixième, septième et huitième forment ce qu'Herschell appelle astéroïdes.

Après avoir traité du soleil, nous nous occuperons successivement des planètes.

LE SOLEIL.

Le soleil est un globe immense dont le diamètre moyen est de 14,114,122,040 mètres. Vu au télescope il présente des taches noires de durée et de volumes divers qui font voir, quand on les observe, qu'il tourne sur son axe de l'est à l'ouest, en 25 jours 14 heures 8 minutes, et son axe dévie d'environ 8°, de la perpendiculaire au plan de l'écliptique.

Herschell a publié sur la nature du soleil, la théorie à laquelle il avait été conduit par les nombreuses observations qu'il avait faites avec ses excellens instrumens.

Il annonça que le soleil était un globe habitable et environné d'un double rang de nuages. Les plus voisins de la partie opaque sont moins brillans et plus denses que ceux de la couche supérieure, qui forme l'apparence lumineuse du globe que nous voyons. Il observe que cette matière n'est pas un fluide élastique ou liquide de nature atmosphérique, car dans ces deux cas il n'admettrait aucun vide ou ouverture. Il conclut de là qu'elle existe à la manière des nuages lumineux ou phosphoriques, dans les plus hautes régions de l'atmosphère. Il pense que les taches sont des ouvertures accidentelles qui se trouvent dans les nuages lumineux, et laissent voir le corps opaque du soleil ou les nuages inférieurs, moins lumineux ; de là les différentes ombres qui apparaissent sur ces taches. Il emploie les termes suivans pour désigner les divers phénomènes du soleil.

Les *ouvertures* sont les places qui par le changement accidentel des nuages lumineux du soleil, laissent apercevoir son corps solide, et comme il n'est pas brillant par lui-même, les ouvertures qu'on y a remarquées avec un télescope ordinaire, ont été prises pour des taches.

Les *creux* sont de grandes dépressions des nuages solaires lumineux qui environnent généralement les ouvertures et s'étendent à une distance considérable. Comme ils sont moins lumineux que le reste du soleil, ils paraissent avoir une sorte de ressemblance avec la pénombre, dont on leur a quelquefois donné le nom.

Les *montagnes* sont de brillans amas de matières lumineuses disposées par rangées irrégulières.

Les *nœuds* sont aussi de brillans amas de matières lumineuses, mais confinées à de petits espaces.

Les *rides*. Ce terme s'applique à ces inégalités, à ces rugosités ou aspérités qui sont particulières aux nuages solaires lumineux et s'étendent sur toute la surface de cet astre. Comme les parties déprimées sont moins lumineuses que celles qui sont élevées, le disque du soleil a une apparence que l'on peut appeler ridée.

Les *dentelures* sont les parties basses des

rides, qui s'étendent aussi sur toute la surface des nuages lumineux.

Les *pores* sont de très-petits trous ou ouvertures, vers le milieu des dentelures.

Herschell considère les nuages solaires plutôt comme une flamme que comme une substance liquide ; il attribue en conséquence les taches à l'émission d'un fluide aériforme qui déplace d'abord l'atmosphère lumineux et sert ensuite de combustible. Il suppose, d'après cela, que l'apparition de ces grandes taches indique l'approche d'une saison chaude, théorie qu'il prétend prouver par l'histoire. Il considère les creux comme une partie de la couche inférieure des nuages opaques, capable de protéger la surface immédiate du soleil contre l'excessive chaleur que produit la combustion de la couche supérieure, et de rendre, suivant toute apparence, ce monde étonnant propre à l'existence des animaux. Il suppose, en général, qu'une partie du soleil plus ou moins considérable est visible à travers son atmosphère transparente. Quelques-unes de ces taches pa-

raissent être au-dessous de la surface du
fluide lumineux, et nous indiquent sans
doute les parties inférieures de la surface
du soleil; les autres se montrent au-dessus
du fluide et peuvent être considérées comme
changeant fréquemment de place, et il est
clair que, si cette théorie est vraie, elles
ne peuvent se présenter deux fois précisément dans la même position. Les taches
attribuées à la projection des montagnes
solaires, sont fixes à l'égard de la surface
du soleil, dont elles déterminent le mouvement de rotation sur l'axe. Herschell a
calculé, d'après l'attraction que cet astre
exerce sur les corps placés à sa surface, et
la révolution qu'il accomplit si lentement
sur son axe, que les montagnes solaires
pouvaient avoir plus de 482,791,500 mètres de hauteur.

Walker a publié sur le soleil des idées
très-ingénieuses. Il suppose que les particules de lumière qui constituent l'atmosphère de cet astre se repoussent fortement
entre elles, circonstance qui détermine la
dispersion du fluide à travers l'espace;
mais, dans les régions équatoriales, la

force centrifuge concourt avec la répulsion, et produit une émission plus considérable que celle qui se fait dans les régions
polaires. Le soleil tourne sur un axe incliné
d'environ 8° sur le plan de l'écliptique ; sa
plus grande émission a lieu vers le zodiaque
où il est à son maximum de vitesse. Il admet (et la supposition nous semble plau-
sible) que les étoiles fixes sont des soleils
qui s'alimentent en absorbant par leurs
pôles la plus grande partie de la lumière
qui les atteint; car, vers les pôles, la force
d'intromission de la lumière est très-
grande; elle n'est que faiblement con-
trariée par la force centrifuge, et la lumière absorbée est de nouveau mise en
émission pour éclairer les régions équatoriales. Mais la partie la plus remarquable
de cette hypothèse est celle qui explique
la cause du mouvement diurne de la terre
et des autres planètes. La lumière possède
aussi son mouvement. Supposons donc
que S, fig. 6, pl. II, soit le soleil, E la
terre, et que les lignes *a*, *b*, *c*, *d*, etc.,
représentent les rayons de lumière qui s'é-
chappent du soleil en vertu de la force

centrifuge ; une ligne menée du centre de gravité du soleil *s* à celui de la terre *o*, indiquera la direction suivant laquelle ces deux corps s'attireront l'un l'autre, ou celle sur laquelle ils se rencontreraient s'ils n'étaient retenus par aucune force. Les distances égales des lignes qui représentent les rayons étant conformes à l'égale distribution de la lumière dans le zodiaque, on doit voir qu'il en tombe sur un côté de la ligne de direction *so*, une quantité double de celle qui tombe sur l'autre : ainsi *a*,*b*,*c*,*d* frappent sur un côté , tandis qu'il n'y a que *e* et *f* qui tombent sur le côté opposé de la ligne de direction. Quoiqu'ici la proportion soit forcée, on trouve néanmoins dans toutes les positions que la terre prend par rapport au soleil, dans la révolution annuelle qu'elle fait autour de cet astre, qu'il tombe plus de rayons d'un côté que de l'autre. Cette inégalité d'impulsion doit produire une rotation sur l'axe, et peut-être même une révolution annuelle.

L'auteur cherche ensuite si la répulsion de la lumière ne peut pas balancer la gra-

vitation des planètes vers le soleil, et si la
différence de distance n'est pas produite
par la différence de densité, attendu que
plus la surface d'une quantité donnée de
matière est considérable, plus elle est re-
poussée fortement par l'action de la lumière.
Il a soumis ces idées à l'épreuve de
l'expérience, et a employé le moyen suivant : il a pris une boîte circulaire de bois
BB, fig. 1, pl. III, dans laquelle il a fait
des trous obliques, représentés par les tu-
bes placés sur le côté ; cette boîte est fermée
par le haut et par le bas, et porte une petite ouverture a, qui sert à introduire le
tuyau d'un soufflet destiné à produire un
courant d'air égal. Un globe de verre très-
mince est exactement suspendu par un long
fil sur le centre a. Il a ainsi vers le centre
une tendance constante qui représente la
gravitation de cette planète vers le soleil.
Dès que le globe est tiré vers le côté et le
soufflet mis en jeu, la boîte commence à
tourner sur son axe, et décrit une ellipse.
Cette expérience est curieuse, et satisfait
ceux qui ne sont pas disposés à admettre
des théories sur parole. Celle-ci mérite l'at-

6*.

tention , et demande de nouvelles recherches pour être reçue ou rejetée.

MERCURE ☿.

Mercure est la planète la plus voi-
sine du soleil, sa distance est d'environ
59,544,285,000 mètres. Il émet une lumière blanche très-brillante, et nous paraît
toujours près du soleil ; comme il est généralement perdu dans la splendeur de cet
astre , les astronomes n'ont que peu d'occa-
sions de l'observer. Son diamètre est de
5,188,299,320 mètres. Il fait sa révolution
autour du soleil en 87 jours 23 heures 14
minutes 33 secondes. Son été et son hiver
ne peuvent par conséquent être que de 44
jours chaque. Comme on n'a pu apercevoir
aucune tache sur son disque, le temps de
sa rotation diurne n'est pas exactement
connu, quoiqu'on lui donne ordinairement
24 heures et 5 minutes. La position de son
axe n'est pas non plus déterminée.

Mercure ne s'éloigne jamais de plus de
27° 5′ du soleil, aussi ne se lève-t-il jamais
qu'une heure cinquante minutes avant cet

astre. Quand il commence à faire son apparition, on a peine à le distinguer à cause du crépuscule, mais à mesure qu'il s'éloigne, on le voit de mieux en mieux jusqu'à ce qu'il ait atteint environ 22° 5′ où il commence à rétrograder. Durant cet intervalle, son mouvement est direct comme celui des étoiles : mais quand il est à environ 18° du soleil, il paraît quelque temps stationnaire, après quoi il revient sur lui-même et cesse d'être visible. Il reparaît bientôt après, se montre le matin, avant le lever du soleil, dont il s'éloigne de plus en plus, et finit enfin par disparaître. Arrivé à la distance de 18°, il redevient stationnaire, prend de nouveau un mouvement direct qu'il continue jusqu'à ce qu'il soit à 22° 5′, après quoi il retourne au soleil, plonge dans ses rayons, et reparaît aussitôt après son coucher pour recommencer encore.

L'inclinaison de l'orbite de Mercure au plan de l'écliptique est d'environ 7°. Le corps se voit mieux près de l'équateur que dans les hautes latitudes. Examiné avec un télescope grossissant deux ou trois cents fois, il présente les mêmes phases que la lune, des croissans, des pleins, etc. Il n'est pas entièrement rond, parce que son côté éclairé n'est jamais tourné directement vers nous; mais il est toujours bien défini, parfaitement brillant et sans bords raboteux; comme la lune, il a toujours son croissant tourné vers le soleil. Le diamètre apparent de Mercure varie avec sa position; il est à son minimum quand l'astre plonge le matin dans les rayons solaires ou qu'il en sort; il est à son maximum quand il plonge le soir dans les rayons solaires ou qu'il s'en dégage, c'est-à-dire quand il dépasse le soleil dans son mouvement rétrograde : son diamètre paraît alors le plus grand possible, et le plus petit possible quand il dépasse le soleil dans son mouvement direct. Quelquefois, lorsqu'il disparaît dans son mouvement rétrograde, c'est-à-dire quand il plonge dans les rayons solaires, on peut le voir qui croise le soleil en ligne droite sous forme d'une tache noire. Celle-ci est bien la planète; car la position, le diamètre apparent et le mouvement rétrograde sont les mêmes. Ces passages sont, comme on dit, des éclipses en miniature. Ils démontrent que la planète est un corps opaque, qui n'est éclairé que par la lumière qu'il reçoit du soleil. Le passage de Mercure n'a pas lieu à chacune de ses révolutions, parce que son orbite est incliné à l'écliptique et coïncide avec lui seulement par deux nœuds : ainsi on ne peut voir passer la planète sur le disque du soleil, à moins qué les nœuds ne soient très-près de la ligne qui joint le soleil et la terre. Nous aurons des passages de Mercure en 1832, 1835, 1845 et 1848.

Mercure parcourt, dans son orbite, environ 177,023,550 mètres par heure. Le soleil lui paraît trois fois aussi grand qu'à nous, et lui donne à son centre une chaleur sept fois plus forte que celle de notre zone torride.

VÉNUS ♀.

Vénus est la plus belle des étoiles. On l'appelle l'étoile du matin ou du soir, suivant qu'elle précède ou suit le cours apparent du soleil. Elle conserve cette

dénomination pendant environ deux cent
quatre-vingt-dix jours. Sa lumière est remarquable par sa blancheur et son éclat
qui est si vif, même à la plus grande distance où elle parvient, qu'elle est visible
en plein jour à œil nu. Elle est la seconde
planète à partir du soleil, autour duquel
elle accomplit sa révolution annuelle à la
distance moyenne de 109,435,800,000 mètres en 224 jours 16 heures 41 minutes
27 secondes. Le temps de sa révolution
diurne, ou la longueur de son jour est de 23
heures 21 minutes. Il est nécessaire de remarquer que ce fait et les conclusions qu'on
en a tirées ne sont pas d'une exactitude
rigoureuse. Herschell n'a bien pu reconnaître ni les taches de cette planète, ni
la position de son axe, ainsi la période de
son mouvement de rotation diurne n'est
pas entiè rement déterminée. Son diamètre
est de 12,371,083 mètres, ainsi elle a presque la grandeur de la terre. L'inclinaison
de son orbite à l'écliptique est d'environ
3° 23′ 35″. Sa plus grande distance du soleil varie de 45 à environ 48°.

Les passages de Vénus sont des phénomènes très-rares. On n'en a observé que deux dans les siècles derniers, et il n'en arrivera plus avant l'année 1874.

Le soleil paraît aux habitans de Vénus presque deux fois aussi grand qu'à ceux de la terre; Mercure devient leur étoile du matin et du soir, comme elle-même l'est pour nous. On a calculé, à l'aide de l'ombre qui se montre sur la surface du soleil, environ cinq secondes avant que le corps noir de Vénus paraisse toucher ses bords, pendant le temps de son passage, que la hauteur de l'atmosphère de cette planète a 80,465,25 mètres. On a fait beaucoup d'observations pour découvrir si elle avait des satellites, on n'en a pas aperçu.

On suppose généralement que l'axe de Vénus est incliné de 75° à son orbite, ce qui est 51° et demi de plus que l'inclinaison de l'axe de la terre par rapport à celui de l'écliptique. Le pôle nord de son axe incline vers le 20e. degré du Verseau, en partant du Cancer de la terre. Conséquemment la région nord de Vénus a l'été dans les signes où nous avons l'hiver, et réciproquement. Comme la plus grande déclinaison du soleil de chaque côté de son équateur va à 75°, ses tropiques sont seulement à 15° de ses pôles, et ses cercles polaires aussi loin de l'équateur. Elle a donc à son équateur deux étés et deux hivers dans chacune de ses révolutions annuelles.

CINQUIÈME LEÇON.

La Terre ♁ ·

LA terre est la première planète après Vénus dans le système solaire. Sa distance moyenne du soleil est de 152,888,250,000 mètres ; sa révolution annuelle se fait en 365 jours 5 heures 48 minutes et 49 secondes : c'est ce qu'on appelle son année tropicale ; mais le temps qu'elle met à accomplir sa révolution annuelle, en prenant une étoile fixe pour point de départ et d'arrivée, est de 365 jours 6 heures 9 minutes 12 secondes, c'est ce qu'on appelle l'année sidérale. La rotation de la terre sur son axe dure 24 heures, qui sont la longueur du jour naturel. Son diamètre est de 1,274,156,745 mètres ; quoiqu'elle en parcoure dans son orbite 109,435,800 par heure, mouvement 140 fois plus vite

7

que celui d'un boulet de canon : elle est presque moitié moins rapide que Mercure. Sa révolution diurne, étant de l'ouest à l'est, fait paraître le mouvement diurne des corps célestes de l'est à l'ouest. Outre les 109,435,800 mètres que la terre parcoure et que parcourent comme elle toutes les créatures qui l'habitent, celles qui se trouvent à l'équateur en font encore 1,657,630 par heure, en vertu du mouvement qu'elle a sur son axe ; mais ce mouvement diminue de l'équateur aux pôles.

Si l'axe de la terre était perpendiculaire à l'écliptique, ou plan de son orbite, les jours et les nuits auraient la même durée dans toutes ses parties ; mais il est incliné de 23 degrés, ce qui produit les saisons, l'excessive chaleur qui se fait sentir à l'équateur, et le froid rigoureux qu'on éprouve aux pôles. L'axe de la terre se maintient parallèle à lui-même, c'est-à-dire qu'il conserve constamment la même direction dans le cours de sa révolution annuelle, à une très-petite exception près, dont nous parlerons plus tard.

L'expérience suivante donnera une idée

satisfaisante du mouvement annuel et diurne de la terre et des phénomènes des saisons. Prenez une tige de fer d'environ sept pieds, et courbez-la circulairement, comme a, b, c, d, fig. 2, pl. III. Vue obliquement elle paraîtra elliptique, comme dans la figure de la terre. Placez une chandelle allumée sur une table; attachez un fil de soie K, au pôle nord d'un petit globe terrestre H, dont le diamètre est d'environ trois pouces; faites tenir par quelqu'un le cercle de fil de fer, parallèlement à la table, à la hauteur de la flamme de la chandelle I qui doit être placée dans ou vers son centre. Tordez alors le fil à gauche, pour qu'il puisse, en se détordant, faire tourner le globe vers l'est, ou dans le sens opposé à celui d'une aiguille de montre; suspendez-le en dedans et près de ce cercle; le fil se détord aussitôt, et le globe (dont la moitié est éclairée par la chandelle, comme la terre l'est par le soleil) tourne autour de son axe. La lumière chasse les ombres, les ombres remplacent la lumière, et représentent la succession régulière des jours et des nuits, telle

7.

qu'elle a lieu par suite du mouvement de
la terre. Pendant que le globe tourne,
promenez lentement votre main, pour le
faire circuler autour de la chandelle, suivant les lettres *a*, *b*, *c*, *d*, sans que son
centre sorte de la circonférence du cercle
de fil de fer, vous verrez alors que la bou-
gie qui est perpendiculaire à l'équateur,
éclaire le globe d'un pôle à l'autre, pendant tout le temps qu'il met à parcourir
le cercle, et que chacune de ses parties qui
se trouve alternativement dans l'obscurité
et la lumiere, est dans un équinoxe perpétuel. La révolution du globe sur lui-même,
et autour de la chandelle, représente celles
de la terre sur son axe et autour du soleil;
d'après cela, si l'axe de la terre n'était pas
incliné sur son orbite, les jours et les nuits
auraient constamment la même durée, et
nous ne compterions pas de saisons. C'est
ce qui a lieu pour Jupiter, parce que son
axe est perpendiculaire au plan de son orbite, comme la tige, autour de laquelle le
globe tourne dans cette expérience, l'est
au plan de l'aire enfermée par le cercle.
Mais donnons à celui-ci une obliquité dans

le sens **ABCD**, en élevant le côté ♋ , et
en abaissant suffisamment le côté ♑ pour
que la flamme de la chandelle reste dans
le plan du cercle ; si vous tordez le fil,
comme nous l'avons fait plus haut, en sorte
que le globe puisse tourner sur son axe
de la même manière que vous le faites
mouvoir autour de la chandelle, c'est-à-
dire de l'ouest à l'est, et que vous placiez le
globe dans la partie la plus basse du cercle
en ♑ ; si celui-ci est convenablement incliné, la chandelle éclairera perpendiculairement le tropique du cancer; et la zone
glaciale, y compris le pôle arctique ou
pôle nord, sera éclairée comme dans la
figure; elle le sera entièrement quoique
le globe tourne sur son axe. De l'équateur
au cercle polaire nord, les jours sont plus
longs et les nuits plus courtes; c'est l'inverse de l'équateur au cercle polaire sud.
Le soleil ne se couche pour aucune partie
de la zone glaciale nord, comme le montre
la chandelle, qui ne peut former d'ombre
sur cette partie; mais pendant ce temps la
zone glaciale du pôle sud est plongée dans
les ténèbres, sans qu'aucun de ses points

7*

puisse être éclairé. Si la terre restait dans cette partie de son orbite, le soleil ne se coucherait jamais pour les habitans de la zone glaciale nord, ni ne se lèverait pour ceux de la zone du sud. A l'équateur, les jours et les nuits seraient constamment égaux ; à mesure qu'on approcherait du cercle arctique, on aurait des jours plus longs et des nuits plus courtes. De l'autre côté de l'équateur, au contraire, les nuits seraient plus longues que les jours. Il y aurait donc un été perpétuel au nord de l'équateur et un hiver éternel au sud. Si pendant que le globe tourne autour de son axe, vous avancez lentement la main, et que vous la portiez de H en E, la limite de l'ombre approchera du pôle nord et s'éloignera du pôle sud ; les lieux qui avoisinent le premier seront de moins en moins éclairés, et ceux qui se trouvent au sud, le seront de plus en plus. Ainsi les jours doivent décroître au nord et augmenter au sud pendant que le globe s'avance de H en E. Arrivé à ce dernier point, il est à une distance moyenne de la partie la plus basse et la plus élevée de l'orbite ; la chandelle se trouve directement sous l'équateur ; la limite des ombres atteint exactement les deux pôles, et les jours sont partout égaux aux nuits.

Le globe continue de se mouvoir, et arrive en A ; le pôle nord entre alors dans l'hémisphère obscur, et le pôle sud s'éclaire d'autant plus qu'il avance davantage vers ♋. Quand il est en F, la chandelle est directement sur le tropique du capricorne ; les jours sont alors les plus courts et les nuits les plus longues dans l'hémisphère nord, de l'équateur au cercle arctique ; c'est le contraire dans l'hémisphère sud, de l'équateur au cercle antarctique, qui se trouve quelque temps continuellement éclairé.

Suivons ces mouvemens. A mesure que le globe avance vers B, le pôle nord revient à la lumière, et le pôle sud retombe dans les ténèbres ; les jours augmentent au nord et diminuent au sud. Quand le globe est en G, la chandelle se trouve en face de l'équateur (comme elle l'était en E). Les jours et les nuits sont alors égaux ; les premiers continuent à augmenter du côté du pôle nord, et diminuent dans la même proportion du côté du pôle sud.

Nous voyons ainsi à quoi tiennent la diminution et l'augmentation des jours entre l'équateur et les pôles ; pourquoi, pendant plusieurs révolutions de la terre, un des cercles polaires jouit constamment de la lumière du soleil, tandis que l'autre en est privé ; et pourquoi les jours et les nuits sont presque égaux, toute l'année, sous l'équateur. L'inclinaison d'un axe ou du plan d'un orbite, est purement relative ; elle se déduit de la comparaison que nous faisons de cet axe avec tout autre que nous considérons comme non incliné. Si l'axe de la terre s'incline de vingt-trois degrés et demi périodiquement sous les pôles par rapport à celui de son orbite, l'axe de son orbite doit l'être aussi de la même quantité par rapport à celui de la terre ; c'est la même chose, que nous nous servions de l'une ou l'autre de ces expressions.

Les habitans des cercles arctique et antarctique, quoique privés, à diverses époques de l'année, de la vue du soleil, ne sont pas plongés dans une obscurité pro-

fonde ; car , en se réfléchissant et en se réfractant , la lumière solaire forme un crépuscule qui s'étend à la distance d'environ
18°. Ainsi nous avons la pointe du jour
quand le soleil est encore à l'est à 18° sous
l'horizon, et nous voyons le soir la fin du
crépuscule jusqu'à ce que l'astre soit descendu au - dessous à l'ouest de la même
quantité. Mais comme dans l'été il se lève
et se couche très-obliquement à l'horizon,
le crépuscule dure alors plus long-temps.
Dans les hautes latitudes du sud et vers
l'équateur, le soleil passe brusquement
sous l'horizon , parce que sa course est à
angle droit avec ce plan ; aussi la transi-
tion du jour à la nuit est-elle presque su-
bite et sans crépuscule.

La révolution de la terre sur son axe
conduisit Newton à supposer que ce corps
devait être non pas une sphère véritable,
mais un sphéroïde aplati vers les pôles ,
parce que ses parties ont , pendant qu'elles
tournent, une tendance à s'en éloigner pour
se porter vers l'équateur, jusqu'à ce qu'elles
se trouvent en équilibre. Il calcula que la
différence du diamètre équatorial excède

le diamètre polaire de 55,522 mètres, con-
jecture que confirmèrent dans la suite les
mesures et les observations des mathématiciens qui furent envoyés aux pôles. Ils re-
connurent que cet aplatissement produisait
entre eux une différence qui était comme
celle des nombres 266 et 265, ou 179 et
178. Une autre preuve de l'aplatissement
des pôles est celle du pendule qui vibre
les secondes au pôle ou dans les hautes
latitudes, et qui a besoin d'être rac-
courci pour les battre à l'équateur. Or,
comme il n'est mis en mouvement que
par la gravité, il faut que cette force
soit moindre à l'équateur qu'aux pôles,
d'abord parce que sa distance est plus
grande, et qu'ensuite la force centrifuge
sollicite les corps à s'échapper suivant une
tangente à sa surface. Si le mouvement
diurne de la terre cessait, cette force serait
détruite à l'instant ; l'eau qu'elle retient
s'écoulerait immédiatement vers les régions
polaires, et rétablirait la sphéricité de la
terre. Il est facile d'imaginer une expérience qui montre que la vitesse d'un mouvement de rotation produit un sphéroïde

aplati comme celui de la terre. Prenez deux bandes de carton ou d'autres matières flexibles ; courbez-les en cercle, et montez-les sur un axe, comme dans la fig. 3, pl. III, pour qu'elles puissent tourner avec lui. Faites-les tourner lentement au moyen de la manivelle G, elles n'éprouvent pas de changement dans leurs formes ; mais si vous leur imprimez un mouvement rapide, leurs pôles se dépriment, les cercles s'allongent sur leurs côtés.

Le diamètre apparent du soleil est plus grand en hiver qu'en été. La raison en est que l'astre se trouve dans le foyer inférieur de l'orbite elliptique de la terre, et comme ce point est à 13,823,348 mètres du centre de l'orbite, la terre vient à deux fois cette distance plus près du soleil dans un temps de l'année que dans l'autre.

LA LUNE ☾.

Après le soleil, la lune paraît être, pour nous, le plus intéressant des corps célestes. Elle décrit une ellipse dont la terre occupe un des foyers, et fait sa révolution autour

de cette planète en 29 jours 17 heures 44
minutes 3 secondes. Elle met une année à
accomplir celle qu'elle fait avec elle autour
du soleil. Son diamètre est de 3,508,383
mètres, et sa distance de 386,244,000 ;
ainsi elle est comparativement aux autres
astres très-près de nous. C'est à cette proximité qu'elle doit de paraître si grande et
si lumineuse. Elle tourne sur son axe en
même temps qu'elle accomplit sa révolution
autour de la terre, c'est pourquoi elle nous
présente toujours le même côté. Cependant
nous voyons quelquefois un peu plus de
l'un, et quelquefois un peu plus de l'autre ; c'est là ce qu'on appelle *sa libration*,
qui est produite par un mouvement inégal
dans son orbite, et par la différence de sa
direction. On distingue deux librations :
celle en latitude et celle en longitude. Celle-
ci est due à son mouvement apparent de
va-et-vient, qui fait que tantôt elle met
plus à découvert son bord oriental, et
tantôt son bord occidental. La libration en
latitude a lieu quand l'un de ses pôles paraît approcher un peu de la terre.

La lune est un corps opaque comme la

terre, et ne brille que de la lumière qu'elle reçoit du soleil et qu'elle nous réfléchit. Elle disparaît quand elle passe entre nous et le soleil, parce qu'alors c'est son côté obscur qu'elle nous présente. Ainsi quand elle est en A, fig. 4, pl. III, en conjonction avec le soleil S, elle présente à la terre sa moitié plongée dans l'ombre, et paraît obscure comme en *a*, où il n'y a aucune lumière pour la rendre visible. On a dessiné, sur le cercle intérieur de la figure, la lune telle qu'elle apparaît à un spectateur placé dans le soleil, et le cercle extérieur la présente telle qu'elle se montre à un spectateur qui est sur la terre T. Quand elle arrive en B ou qu'elle a parcouru la huitième partie de son orbite à partir de sa conjonction, elle a un quart de son côté éclairé tourné vers la terre à laquelle elle se dessine en croissant comme en *b*. Quand elle a parcouru le quart de son orbite entre la terre et le soleil, qu'elle est en C, elle montre la moitié éclairée comme en *c*; nous disons alors qu'elle est dans son premier quartier. Quand elle est en D ou à son second huitième, elle nous montre une plus grande

8

partie de son côté éclairé , et nous la voyons comme *d*. En E , son côté éclairé est entiè-rement tourné vers la terre , elle apparaît ronde comme *e ;* nous disons alors que la lune est pleine. Parvenue à son troisième huitième , en F , une partie de son côté regardant la terre, nous la voyons comme *f;* elle est alors sur son déclin. En G , nous ne voyons plus que la moitié de son côté éclairé ; elle est à son troisième quartier. En H , il n'y en a plus qu'un quart d'é-clairé; elle nous paraît en croissant, comme en *h*. Arrivée à son point de départ A , elle cesse d'être visible ; nous avons alors nouvelle lune.

Ainsi, en allant de A en E la lune va croissant, et de E en A elle décroît dans la même proportion ; elle éprouve à des distances égales les mêmes phases ; mais , vue du soleil, elle paraît toujours pleine.

La lune ne nous paraît pas entièrement ronde quand elle est pleine , dans la partie la plus haute ou la plus basse de son or-bite , parce que nous ne voyons pas en-tièrement son côté illuminé. Quand elle l'est à la première, elle ne l'est pas exactement à la deuxième, et quand elle l'est à celle-ci, elle ne l'est pas à celle-là.

Il est évident, d'après la figure, que lorsque la lune semble nouvelle à la terre, la terre paraît pleine à la lune, et réciproquement ; car, quand la lune est en A, qu'elle est nouvelle pour notre planète, le côté entièrement éclairé de celle-ci fait face à la lune ; et quand la lune est pleine pour la terre, comme quand elle est en E, son côté obscur est tourné vers la lune : ainsi quand il y a nouvelle lune, il y a pleine terre, et pleine lune quand il y a nouvelle terre. Il en est de même des autres phases.

Entre le premier quartier et la nouvelle lune, cet astre est souvent visible l'après-midi, même quand le soleil est sur l'horizon. La position des pointes de la lune, ou une ligne droite passant par celles de ses cornes, est différemment inclinée à l'horizon, suivant l'heure du jour où on la considère. Elle est quelquefois perpendiculaire à ce plan ; quand cela arrive, elle est dans ce que les astronomes appellent le *degré nonagésimal.* C'est le plus haut point de l'écliptique. Il est à 90° des deux côtés de l'horizon qui est coupé par l'écliptique. Mais cela n'arrive jamais lorsque la lune est au méridien, si ce n'est quand elle entre dans les signes du Cancer et du Capricorne.

On découvre à l'œil nu les irrégularités de la lune, et on distingue, à l'aide d'un télescope, une foule de montagnes et de vallées. Quelque position que prenne l'astre, les parties élevées de sa surface projettent, dans la direction du soleil, des ombres sur les parties basses dont les cavités sont toujours obscurcies. On a cru long-temps que les parties obscures étaient de l'eau; mais on sait aujourd'hui que ce sont des cavités, et que le disque de la lune est ce que serait notre planète si l'océan était mis à sec. On supposa d'abord que les montagnes de la lune étaient plus élevées que celles de la terre; mais Herschell a démontré qu'il y en avait peu qui eussent plus de huit cents mètres de haut, et que la plupart n'en avaient que quatre cents. Avant ou après la pleine lune, la limite de la lumière ou des ombres se pré-

sente, à raison de la multiplicité des cavernes et des montagnes, sous une apparence dentelée, tandis que les bords de
son disque, ou la limite de l'hémisphère
que nous voyons, paraît, avec les meilleurs télescopes, uni et sans irrégularités.
On a dit, pour expliquer ce fait, que ces
limites étant couvertes d'élévations, elles
interceptent la vue des eaux, et présentent
ainsi l'aspect d'une surface unie, auquel
concourt peut-être l'atmosphère de la
lune.

On a observé dans la partie obscure du
disque de la lune, des taches brillantes
dont l'éclat ne provenait pas des rayons solaires ; ces points lumineux se sont éteints
au bout d'un certain temps ; on a supposé
que c'étaient des volcans [1]. En 1787, Herschell a découvert trois de ces volcans dans
la partie obscure de la lune ; deux étaient
à peine visibles, mais le troisième était très-
brillant, et laissait apercevoir comme une
éruption ou lave de matière lumineuse,

[1] Des observations plus récentes n'ont pas con-
firmé cette hypothèse.   (*Note de l'éditeur.*)

qui se dessinait comme un petit morceau de charbon incandescent, recouvert d'une légère couche de cendres. La lune renferme du feu ou des volcans; c'est une raison de croire qu'elle a une atmosphère. Quelques astronomes n'attribuent la variation qu'elle éprouve dans son éclat à certaines époques, qu'à l'état de l'atmosphère, qui est plus ou moins chargée de vapeurs. Cassini a observé que les formes circulaires de Saturne, Jupiter et des étoiles fixes, se changent en ellipses, quand ces planètes approchent du bord obscur ou du bord éclairé de la lune. Ces indications deviennent péremptoires d'après les observations de Schrœter. Cet astronome a observé que, dans la nouvelle lune, les deux pointes du croissant paraissent s'allonger et se réunir en une pointe extrêmement aiguë et faible. Il a également observé que, lorsque Jupiter arrive très-près de la lune, deux de ses satellites semblent se confondre quelques instants avant de passer derrière elle. Si la lune a une atmosphère, il n'est pas surprenant qu'on ne puisse facilement la distinguer, car il est probable qu'elle est extrêmement faible. Laplace a calculé qu'elle doit être plus rare que le vide de nos meilleures machines pneumatiques.

Aux changemens près qu'on attribue aux volcans et à l'atmosphère qui l'entoure, la lune est à peu près constamment la même. On en a publié un grand nombre de cartes. Les taches les plus remarquables qu'elle présente ont été distinguées par les noms de quelques lieux de la terre, ou par les noms d'hommes célèbres, comme Platon, Archimède, etc.

La lune a très-peu de variations de saisons, attendu que son axe est presque perpendiculaire à l'écliptique. Ce qu'il y a de singulier, c'est qu'une de ses moitiés est éclairée par la terre pendant l'absence du soleil et n'a pas de nuit, tandis que l'autre en a une de quinze jours, et un jour de même durée. La terre, comme nous l'avons déjà observé, doit être vue de la lune croissant et décroissant d'une manière régulière, mais paraître treize fois plus grande, et donner environ treize fois plus de lumière qu'elle n'en émet. Une moitié de la lune ne voit jamais la terre, et le milieu de l'autre moitié l'aperçoit constamment, emporté par un mouvement de rotation trente fois aussi grand que celui dont elle est elle-même animée.

Comme la terre tourne sur son axe, les continens, les mers, les îles, paraissent aux habitans de la lune comme des taches qui sont plus ou moins grandes, plus ou moins lumineuses, et dont le ton varie suivant que les nuages les voilent ou les laissent voir.

Ces taches leur donnent le moyen d'évaluer le temps du mouvement diurne de la terre, comme nous déterminons celui du soleil.

L'axe de la lune étant presque perpendiculaire à l'écliptique, le soleil ne sort jamais sensiblement de son équateur, et l'obliquité de son orbite est si peu de chose, vu du soleil, qu'il ne peut en faire sensiblement décliner cet astre. Ses habitans ne sont pas privés des moyens de reconnaître la longueur de l'année, quoique ceux qu'ils emploient ne ressemblent probablement pas aux nôtres. Nous la mesurons par le retour de nos équinoxes ; mais leurs jours sont constamment égaux ; ils sont obligés de recourir à une autre mé-thode. Peut-être la mesurent-ils en ob-servant l'instant où l'un de nos pôles com-mence à être éclairé et où l'autre disparaît, ce qui a constamment lieu à nos équinoxes ; ils sont d'ailleurs parfaitement placés pour observer les vastes régions qui touchent nos pôles et qui nous sont inconnues. Nous concluons de là que l'année a la même durée dans la lune et sur la terre, quoi-que le nombre des jours ne soit pas le même. Nous comptons trois cent soixante-cinq jours un quart naturels, tandis que la lune n'en a que $12 \frac{45}{118}$, puisque les jours et les nuits, pris ensemble, sont aussi longs que vingt-neuf et demi des nôtres.

Les rayons lunaires ne donnent pas de chaleur sensible, même quand ils sont réunis sur le thermomètre avec une très-forte lentille ; cela tient à ce qu'ils sont très-rares, et qu'on ne peut en rassembler une quantité suffisante pour produire un effet marqué.

MARS ♂.

La planète qui vient après la terre dans le système solaire est Mars, dont la distance du soleil est de 231,746,400,000 mètres, et qui met près de 687 jours à accomplir sa révolution annuelle. La couleur de cette planète est d'un rouge obscur, apparence que l'on attribue à la grande densité de son atmosphère, qui ne laisse réfléchir pour nous que les rayons rouges. On a calculé, au moyen des taches qu'on a observées sur son disque, que sa rotation se fait en 24 heures 39 minutes 22 secondes. L'inclinaison de son axe par rapport à son orbite est de 59° 22′. Son diamètre équatorial est au polaire comme 16 à 15; son diamètre moyen est de 6,741,567 mètres.

Mars n'est pas aussi limité dans son mouvement que Mercure et Vénus. Il se montre tantôt fort près et tantôt fort loin du soleil; quelquefois il se lève quand cet astre se couche, ou se couche quand il se lève. Il est parfois nébuleux, mais

ne présente jamais de croissant, preuve
que son orbite renferme celui de la terre,
et qu'il brille d'une lumière empruntée.
Quand il est opposé au soleil ou qu'il se
montre sur le méridien à minuit, il est
beaucoup plus brillant que dans toute autre situation, attendu qu'il est cinq fois
plus près de nous que lorsqu'il est en conjonction.

Le soleil ne donne à Mars qu'environ
le tiers de la lumière qu'il répand sur la
terre, aussi paraît-il singulier qu'on ne
lui trouve pas de lune; mais cette circonstance est compensée par la hauteur et la
densité de son atmosphère, qui est si remarquable, que lorsqu'il approche de
quelque étoile fixe, celle-ci change sa couleur, devient obscure et souvent invisible,
quoiqu'à quelque distance du corps de la
planète.

Mars paraît se mouvoir de l'ouest à
l'est autour de la terre, mais son mouvement est très-inégal. Quand nous l'apercevons le matin, séparé du soleil, le mouvement dont il est animé est très-rapide;
cette rapidité diminue graduellement, et

cesse quand la planète est éloignée d'environ 137° du soleil. Il devient alors direct
jusqu'à ce qu'elle soit en opposition avec
le soleil. Sa rapidité diminue de nouveau
graduellement, et elle semble rétrograder
jusqu'à ce qu'elle ait dépassé l'astre de 137°.
Là le mouvement redevient direct, et la
planète va se perdre dans les rayons du
soleil. Comme sa distance par rapport à
nous varie avec le temps, son diamètre
moyen apparent est de 27″; mais quand
elle est en opposition, il est de 81″.

Outre les taches qui servent à déterminer
la révolution diurne de Mars, plusieurs
astronomes ont remarqué qu'un segment
de son globe, vers le pôle sud, a un éclat
si supérieur à celui du reste du disque,
qu'il paraît comme le segment d'un globe
plus considérable. Maraldi nous apprend
que cette tache brillante a été observée,
il y a soixante ans, et qu'elle était de toutes
la plus permanente. Une partie de cette
planète est plus brillante que le reste : la
plus sombre est sujette à de grands changemens, et disparaît quelquefois. Un éclat
semblable a souvent été observé au pôle

nord; ces observations ont été confirmées
par Herschell, qui a examiné la planète
avec des instrumens mieux faits et plus
forts que ceux qu'on avait employés jusqu'à lui. Suivant cet astronome, l'analogie
qu'il y a entre Mars et Vénus est la plus
grande que présente le système solaire. Les
deux corps ont presque le même mouvement diurne. L'obliquité de leur écliptique
ne présente pas de grandes différences. De
toutes les planètes supérieures, Mars est
celle dont la distance au soleil est la plus
approchante de celle de la terre, et la longueur de son année ne paraît pas non plus
beaucoup différer de la nôtre, quand on
la compare à l'excessive durée de celles de
Jupiter, de Saturne et d'Herschell. Puisque le globe que nous habitons a ses régions polaires glacées, et des montagnes
couvertes de glaces et de neiges, qui ne
fondent qu'en partie quand elles sont alternativement exposées à l'action du soleil;
on peut supposer que les mêmes causes
produisent les mêmes effets sur Mars; que
les taches polaires resplendissantes sont
dues à la vive réflexion qu'éprouve la lumière

9

sur ces régions glacées, et que la diminution de ces taches doit être attribuée à ce
qu'elles sont exposées au soleil. La tache
du pôle sud était extrêmement grande
en 1781, ce qui devait être, puisque ce
pôle sortait d'une nuit de douze mois, et
avait été privé pendant tout ce temps de
la chaleur du soleil ; elle était plus petite
en 1783, et diminua graduellement depuis
le 20 mai jusqu'au milieu de septembre
qu'elle sembla devenir stationnaire.

VESTA.

Cette petite planète fut découverte, le
29 mars 1807, par un des élèves du doc-
teur Olbers. Son diamètre est d'environ
381,025 mètres, sa distance au soleil d'environ 346,010,250,000, et sa révolution
annuelle de 1335 jours. L'inclinaison de
son orbite à l'écliptique est de 7°. Examinée
par Herschell avec un excellent réflecteur
de cinquante pieds qui trois-centuplait les
objets, elle ne donna pas l'apparence de
disque, mais parut comme une étoile fixe
de la sixième grandeur, c'est-à-dire qu'elle

se dessinait presque comme un point qui brillait d'une vive lumière. Quand l'atmosphère est pure, on peut la voir à œil nu.

JUNON.

C'est une autre petite planète qui a été découverte par Harding, le 1er. septembre 1803. Son diamètre est de 2,293,323 mètres, sa distance au soleil 391,072,050,000, et sa période annuelle de 1590 jours. L'inclinaison de son orbite, par rapport à l'écliptique, est de 14°.

CÉRÈS.

Cette planète fut découverte par Piazzi le 1er. janvier 1801 ; sa distance du soleil est d'environ 423,259,050,000 mètres, son diamètre n'est que de 262,324 mètres ; le temps de sa révolution diurne est inconnu ; mais son mouvement sidéral annuel, qui a été calculé par Laplace, est de 1681 jours 17 heures 57 secondes. L'inclinaison de son orbite sur l'écliptique est d'environ 11° 48'. Elle a paru d'une couleur rougeâtre peu

intense à Herschell, qui croit qu'elle a une
atmosphère. Son disque paraît rarement
bien dessiné. Cette circonstance semble
tenir à l'état de notre atmosphère, qui est
peu favorable pour l'observer, et altère
sa faible lumière.

PALLAS.

Cette planète a été découverte par Olbers le 28 mars 1802. Sa distance du soleil est d'environ 424,868,400,000 mètres ;
sa période sidérale de 1681 jours 17 heures
57 secondes ; son diamètre n'est que de
128,748 mètres ; c'est la plus petite planète connue de tout le système solaire.
L'inclinaison de son orbite sur l'écliptique
est d'environ 38°. Elle a une couleur blanchâtre, et paraît peu distincte, même
avec une lunette qui grossit cinq cents fois,
à moins que notre atmosphère ne soit des
plus limpides.

Olbers reçut de l'Institut le prix fondé
par Lalande (6000 francs) en faveur de
celui qui aurait le plus contribué à l'avan-
cement des connaissances astronomiques
dans l'année de sa découverte.

Les orbites de Cérès et de Pallas auraient
été plus convenablement représentées dans
la planche du système solaire par des cercles d'une grandeur à peu près égale, mais
avec leur centre un peu sur les côtés opposés à celui du soleil.

Aussitôt après la découverte de Cérès et
de Pallas, Herschell publia les observations qu'il avait faites sur ces planètes ; et
considérant combien elles déviaient du zodiaque ou chemin des planètes antérieu-
rement reconnues, il observa que, si on
les admet au nombre de ces corps, on
doit renoncer au zodiaque ; car si on en
découvrait d'autres dont la déviation fût
encore plus considérable, il faudrait convertir le ciel entier en zodiaque, c'est-à-
dire qu'il n'y en aurait pas du tout. Ce
fut d'après ces considérations qu'il proposa de donner le nom d'*astéroïdes* à ces
corps planétaires, et à ceux de même espèce qu'on apercevrait par la suite. Il
annonça qu'ils se multiplieraient, comme
cela est arrivé par la découverte de Junon
et de Vesta.

9*

SIXIÈME LEÇON.

Jupiter, Saturne et Herschell.

JUPITER ♃.

JUPITER est le plus grand des corps planétaires, et le plus brillant après Vénus. La distance prodigieuse où il se trouve du soleil, est la raison pour laquelle il nous paraît moins grand que cette planète, quoiqu'il le soit quinze cents fois plus. Son année est de 4,330 jours 4 heures 39 minutes 2 secondes. Sa rotation diurne se fait en 9 heures 55 minutes 37 secondes ; elle est si rapide qu'elle fait parcourir aux habitans de son équateur 45,349,280 mètres par heure, c'est-à-dire près de 6,437,000 de plus que l'espace que parcourent en vingt-quatre heures ceux qui vivent à l'équateur de notre terre. La tache qui servit à déterminer la rotation de cet astre parut en 1694 et disparut en 1708; elle a reparu depuis, et a été observée chaque fois.

Par suite de l'excessive rapidité de sa ro-tation diurne, sa figure est un sphéroïde beaucoup plus aplati que la terre, son dia-mètre équatorial étant au polaire comme 13 à 12, proportion qui donne à la pre-mière mesure 96,561,000 mètres de plus qu'à la dernière. Son axe est presque per-pendiculaire au plan de son orbite, de manière que ses habitans n'ont pas de changement sensible de saisons. S'il était incliné de quelques degrés, il y en aurait le même nombre autour des pôles de plongés dans les ténèbres pendant six de nos années; et comme chaque degré du grand cercle de Jupiter contient au moins 1,287,448 mètres, il y aurait une immense portion de terre qui serait privée de so-leil. Le soleil paraît à Jupiter cinq fois plus petit qu'à nous, sa lumière et sa chaleur vingt-cinq fois moindres. Mais ses nuits ne sont que de cinq heures, ses régions polaires sont constamment éclairées; il jouit d'un printemps perpétuel ; il a quatre lunes brillantes , dont une au moins brille sans cesse pendant ses courtes nuits. Il est aisé de concevoir , d'après toutes ces circonstances, que cet astre peut être habité par des êtres assez semblables à nous.

Quand on observe Jupiter avec un bon télescope , on aperçoit une foule de zones ou de bandes d'une couleur plus brune que le reste de son disque. Elles sont généralement parallèles à l'équateur , qui l'est pour ainsi dire lui-même à l'écliptique ; mais elles sont , sous d'autres rapports , sujettes à de grandes variations. Quelquefois on n'en aperçoit qu'une , d'autres fois on en discerne jusqu'à huit; tantôt elles ne sont pas parallèles entre elles, et sont d'une largeur variable. L'une se rétrécit souvent pendant que celle qui l'avoisine se dilate ; on dirait qu'elles se fondent ensemble. Le temps de leur durée varie; on en a vu garder trois mois la même forme , et de nouvelles se dessiner en une heure ou deux. La continuité de ces bandes est quelquefois interrompue, ce qui leur donne l'apparence d'une rupture. Les taches et les bandes qui furent observées le 7 avril 1792 sont représentées par la fig. 5, pl. III. On les considère comme le corps de la planète, et les parties lumineuses, les nuages transportés par les vents avec des vitesses et dans des directions différentes.

On distingue les quatre satellites de Jupiter par leur situation : on appelle premier celui qui en est le plus voisin. Leurs périodes et leurs distances sont comme suit :

	j. h. m. sec.	mètres.
Le 1er. satellite tourne en.	1 18 27 35	à la distance de 95,225,239
Le 2e. .	3 13 13 42	668,623,519
Le 3e. .	7 3 42 33	1,058,525,842
Le 4e. .	16 16 32 8	1,860,838,584

Ces satellites tournent autour de Jupiter de l'ouest à l'est ; on suppose qu'ils décrivent des ellipses, quoiqu'elles aient une excentricité trop faible pour qu'on puisse la mesurer. Il n'y a que le quatrième qui en soit susceptible ; encore la différence ne s'élève-t-elle qu'à 0,007 de sa distance moyenne de la planète. Les mouvemens des trois premiers se rapportent les uns aux autres par la plus singulière des analogies. Le mouvement sidéral moyen du premier, ajouté à deux fois celui du troisième, est constamment égal à trois fois le mouvement moyen du second, et la longitude sidérale ou synodicale moyenne du premier, moins trois fois celle du second, plus deux fois celle du troisième, est toujours égale à deux angles droits.

Quand les satellites tombent dans l'ombre de la planète, ils cessent quelque temps d'être visibles ou sont éclipsés. Les trois plus rapprochés s'éclipsent à chaque révolution; mais le quatrième a une orbite si fort inclinée que, dans son opposition à Jupiter, il est deux années sur six, sans tomber dans son ombre. On voit par l'analogie singulière que nous venons de signaler que (pour un grand nombre d'années au moins) les trois premiers satellites ne peuvent être éclipsés à la fois; car dans les éclipses simultanées du second et du troisième, le premier est constamment en conjonction avec Jupiter, et réciproquement. Ces éclipses, qui ont donné le

moyen de mesurer la vitesse de la lumière,
servent aussi à déterminer avec facilité et
exactitude, la longitude d'un point quelconque de la terre. La longitude d'un lieu
est la distance, mesurée en degrés de l'é-
quateur, dont il est éloigné d'un autre,
à l'est ou à l'ouest, et qu'on peut toujours
prendre avec certitude, pourvu qu'on
connaisse le temps du point déterminé, et
celui du lieu où se fait l'observation.
Puisque chaque point de la surface de la
terre décrit, en vertu du mouvement de
rotation dont elle est animée sur son axe,
la circonférence d'un cercle ou 360° en
vingt-quatre heures, il décrit 15° en une
heure, attendu que 15 est la vingt-qua-
trième partie de 360. Ainsi on peut convertir la différence de longitude en temps,
en donnant une heure pour 15°, et ainsi
de suite pour les minutes, les secondes,
et réciproquement. On peut, avec la même
facilité, convertir en longitude la différence de temps. Les voyageurs qui ont
des garde-temps, les mettent, au départ,
exactement à l'heure du lieu qu'ils quit-
tent, et peuvent, par ce moyen, avoir en

tout temps, avec la plus grande facilité, leur longitude, ou la distance est ou ouest où ils sont de ce lieu.

SATURNE ♄.

Saturne vient après Jupiter pour la distance et la grandeur. Sa distance du soleil est de plusieurs millions de mètres ; c'est pour cela que la lumière qu'il nous réfléchit est si pâle, et qu'on le distingue à peine d'une étoile fixe à l'œil nu. Saturne a un diamètre de 127,186,232 mètres, et met 10,746 jours 16 minutes 15 secondes à faire sa révolution autour du soleil ; la longueur de son année équivaut, par conséquent, à celle d'environ trente des nôtres. On croit que sa rotation diurne s'accomplit en 10 heures 16 minutes 25 secondes ; mais les taches à l'aide desquelles on l'a déterminée ne sont pas bien définies. L'inclinaison de son orbite, par rapport à l'écliptique, est d'environ deux degrés et demi, mais on croit que celle de son axe sur l'orbite est de soixante degrés.

Vu au télescope, Saturne présente un

phénomène que n'offre aucune des autres planètes; il est entouré de bandes analogues à celles de Jupiter, quoique plus faibles ; mais ce qui le caractérise, c'est l'anneau lumineux qui l'environne, fig. 6, pl. III. L'anneau est détaché de la planète, et la distance qui sépare la partie intérieure de l'un et le corps de l'autre est égale à sa largeur. Il prend une forme elliptique plus ou moins allongée suivant les degrés d'obliquité sous lesquels on l'examine. Quelquefois l'œil se trouve dans son plan. L'anneau est alors invisible, même avec les meilleurs télescopes. Cela tient probablement à ce qu'il est trop mince pour produire un angle appréciable à une distance aussi considérable. Cependant on l'aperçoit quand l'instrument est bon et la nuit favorable ; il paraît alors comme une barre resplendissante de lumière qui coupe le disque de la planète. Comme le plan de cet anneau est toujours parallèle à lui-même, c'est-à-dire que la situation d'une partie de son orbite est toujours parallèle à celle de l'autre, il disparaît au bout de quinze années, ou deux fois dans chaque

10

révolution de la planète, qui paraît quelquefois tout-à-fait ronde pendant neuf mois
de suite. Quelquefois elle est à une assez
grande distance de son anneau pour qu'on
aperçoive des étoiles dans l'intervalle.

Si l'œil est élevé au-dessus du plan de
l'anneau, quand Saturne paraît rond, il
découvre une bande obscure formée par
l'ombre que l'anneau projette sur le disque
de la planète. L'ombre grandit quand le
soleil s'élève, et la bande obscure paraît
d'autant plus large que notre œil est plus
élevé au-dessus du plan où elle se trouve.
Quand l'anneau affecte une forme elliptique, ses extrémités, du côté du plus
grand axe, prennent le nom d'*anses*.
Elles sont, peu avant et après la disparition de l'anneau, de grandeur inégale. La
plus forte est visible plus long-temps avant
la phase du plein, et reparaît aussi plus
tôt que l'autre. Herschell a démontré que
l'anneau accomplit la révolution qu'il fait
sur son plan en 10 heures 32 minutes
15,4 secondes. Il l'a observé avec la plus
grande attention, et a reconnu qu'il est
environné au nord d'une zone ou bande

brune très-large. Celle-ci est fixe, constante, et tient par conséquent à la nature même de l'anneau. Elle n'est pas due à l'ombre que projette quelque chaîne de montagnes, puisqu'elle est visible tout autour de l'anneau, ce qui n'aurait pas lieu dans le cas dont il s'agit, non plus que dans celui des cavernes spacieuses auxquelles divers astronomes ont eu recours. Il est évident que cette zone obscure est contenue entre deux cercles concentriques, car tous les phénomènes correspondent avec sa projection. Herschell pense que la nature de cet anneau n'est pas moins solide que celle de la planète elle-même; et en effet elle projette, comme nous l'avons déjà observé, une ombre intense sur Saturne. La lumière de l'anneau est, en général, plus éclatante que celle du corps de la planète; car la première est visible avec un instrument qui laisse à peine apercevoir la seconde. Il résulte de là que le bord de l'anneau n'est pas plat, mais sphérique ou sphéroïde. Voici les dimensions de l'anneau ou des deux anneaux, ainsi que la distance qui les sépare.

mètres.

Le diamètre intérieur du plus petit anneau est de..	235,423.650
Le diamètre extérieur du même. .	296,735.576
Le diamètre intérieur du grand anneau.	306,164.967
Le diamètre extérieur du même. .	329,668.236
Largeur de l'anneau intérieur. . .	32,186.100
Largeur de l'anneau extérieur. . .	11,586.975
Largeur de l'espace vide ou zône obscure.	4,568.816

Si l'anneau est opaque, comme le soleil l'éclaire du côté du nord et du côté du sud, chacun quinze ans, il jouit de jours et de nuits d'égale durée, c'est-à-dire de quinze années.

La vitesse du mouvement de Saturne sur son axe lui donne une figure aplatie; son diamètre équatorial est à son diamètre polaire comme 11 est à 10.

Le soleil verse à peine sur Saturne la huitième partie de la lumière directe qu'il nous envoie; mais, outre son anneau, cette planète a encore sept satellites qui tournent autour d'elle. Voici leurs périodes et leurs distances.

	j. h. m. s.	mètres.
Le 1er. satellite tourne en. .	1 21 18 27	à la distance de 273,581.640
Le 2e. . .	2 17 41 22	349,219.164
Le 3e. . .	4 12 25 12	487,619.415
Le 4e. . .	15 22 41 13	1,132,939.620
Le 5e. . .	79 7 48 0	329,907 525
Le 6e. . .	1 8 53 9	217,256.175
Le 7e. . .	0 22 40 46	172,195.614

Nous observerons que les satellites de Jupiter sont comptés et distingués d'une manière régulière : le plus grand et le moins éloigné est le premier; celui qui vient ensuite pour le volume et la distance, le second, et ainsi du reste. Il n'en est pas de même pour ceux de Saturne; la raison en est qu'on n'en connaissait d'abord que cinq, qu'on appella le premier, le deuxième, le troisième, etc., en partant de la planète; mais, environ un siècle après, Herschell en découvrit deux autres moins éloignés, qu'on aurait dû appeler premier et second; mais il eût fallu changer l'ordre établi; cela eût mis de la confusion dans les ouvrages. On aima mieux faire une anomalie, et on les nomma le sixième et le septième.

10*

L'inclinaison des orbites des premier, second, troisième et quatrième satellites, par rapport à l'écliptique, est de 30 à 31°. Celle du cinquième est de 17 à 18°. Ce satellite a cela de remarquable qu'il est, avec le nôtre, le seul du système solaire qui ait des taches. Elles ont fait reconnaître son mouvement de rotation sur son axe, et, ce qui est singulier, c'est que, comme la lune, il tourne sur son axe dans le même temps qu'il fait sa révolution autour de sa planète.

Les satellites de Saturne ont de fréquentes éclipses, qui servent, comme celles de Jupiter, à reconnaître les longitudes sur la terre. Leur grand éloignement les rend cependant moins susceptibles d'être rigoureusement observées.

HERSCHELL ♅.

Le diamètre d'Herschell est de plusieurs millions de mètres. Sa révolution annuelle dure 30,637 jours 4 heures, c'est-à-dire presque quatre-vingt-quatre fois notre année. La période de sa rotation diurne n'a pas été déterminée. Quand la soirée est belle, que la lune ne brille pas, on peut l'apercevoir à l'œil nu. Vu au télescope, il a une couleur blanc-bleuâtre; son disque est bien terminé. La lumière et la chaleur qu'il reçoit du soleil est la trois cent soixante-deuxième partie de celle dont nous jouissons.

Quand on découvrit Herschell, on crut d'abord que c'était une comète; mais sa proximité de l'écliptique le fit bientôt reconnaître pour une planète. Il était regardé auparavant comme une étoile fixe, à cause de la lenteur de son mouvement, et indiqué sous le n°. 34 dans le catalogue des étoiles fixes de Flamsteed, et sous celui 964 dans celui de Meyer.

Herschell a non-seulement reconnu que cette étoile est une planète, mais encore il a découvert tous ses satellites, qui sont au nombre de six. Voici la période de leur révolution autour de leur planète et la distance où elles en sont :

j. h. min.   mètres.

Le 1er. satellite
tourne en. . .   5 21 25 à la distance de 370,688.022

	j. h. min.	mètres.
Le 2ᵉ. . . .	8 18 0	468,177,255
Le 3ᵉ. . . .	10 23 4	549,095,3ı3
Le 4ᵉ. . . -	13 12 0	642,629,107
Le 5ᵉ. . . .	38 ı 49	127,154,582
Le 6ᵉ. . . .	107 16 40	2,571,316,43ı

Ces satellites se meuvent dans un plan presque perpendiculaire à celui de l'orbite de la planète , et en sens contraire de celui qu'indiquent les signes.

La table synoptique qui suit facilitera la comparaison des circonstances correspondantes des planètes les unes avec les autres.

Distances des planètes au soleil , celle de la terre étant 100.

Mercure.	38
Venus.	72
La Terre.	100
Mars.	150
Vesta.	237
Junon.	266
Cérès.	276
Pallas.	279
Jupiter.	520
Saturne.	650
Herschell.	1900

Diamètres du soleil et des planètes, celui de la terre étant 1.

Le Soleil. 109.93
Mercure. 0.39
Vénus. 0.97
La Terre. 1.00
La Lune. 0.27
Mars. 0.56
Vesta. . . . . ⎫
Junon. . . . . ⎬ Inconnus.
Cérès. . . . . ⎪
Pallas. . . . . ⎭
Jupiter. 11.56
Saturne. 9.61
Herschell. 35.112

SEPTIÈME LEÇON.

Des comètes.

LES comètes se meuvent suivant des courbes qu'on regarde généralement comme des ellipses très-excentriques. C'est à cette circonstance qu'elles doivent d'être invisibles pendant la plus grande partie de leur course, et de ne se montrer que lorsqu'elles sont dans le voisinage du soleil. Leurs temps périodiques sont si longs et si difficiles à déterminer qu'on leur a rarement trouvé deux fois la même durée ; si quelque corps se montrait à l'époque où elles devaient paraître, il était presque impossible d'en constater l'identité. Elles se présentent sous les formes les plus variées : quelques-unes ressemblent à des vapeurs, à des nuages, d'autres semblent avoir au centre un noyau, une partie solide. Quand la comète approche du soleil, elle étale une espèce de barbe ou de queue de matière lumineuse. Son nom varie suivant la position qu'occupe celle-ci. Si elle s'avance de l'est, elle est barbue, parce que la traînée lumineuse est en avant ; si la comète est à l'ouest, et qu'elle l'ait derrière, elle a une queue, c'est-à-dire qu'elle laisse des traces lumineuses sur son passage.

Les comètes les plus apparentes sont depuis long-temps connues sous le nom d'étoiles flamboyantes ; mais plusieurs d'entre elles n'ont été vues qu'avec de bons télescopes, et découvertes fortuitement, parce qu'elles paraissent, disparaissent en quelques nuits, et traversent le ciel dans toutes les directions. Le mouvement de quelques-unes est de l'est à l'ouest, tandis que celui de quelques autres va de l'ouest à l'est. Il y en a qui se meuvent dans le plan de l'écliptique ou dans le zodiaque, et d'autres enfin qui ont des directions diverses, même perpendiculaires à l'écliptique.

Képler et plusieurs savans pensaient que les comètes ne sont qu'un amas de vapeurs et d'exhalaisons dues au soleil et aux planè-

tes. Mais Newton démontra l'absurdité de
cette hypothèse, en observant que ces vapeurs ou exhalaisons ne pourraient se sou-
tenir dans des régions aussi chaudes que
celles qui avoisinent le soleil. La chaleur de
cet astre est comme la densité de ses rayons,
ou en raison inverse du carré des distances. Ainsi, attendu que la distance de la
comète de 1680, prise à son périhélie, le
8 décembre, était à celle où la terre se
trouvait du soleil comme 6 est à 1000, la
chaleur de l'astre sur cette comète était à
celle que nous éprouvons en été comme
1,000,000 à 36 ou comme 28,000 à 1. Maintenant la chaleur de l'eau bouillante est
environ trois fois plus grande que celle de
la terre sèche et exposée au soleil du mois
d'août. Partant de la supposition que la
chaleur d'un fer rouge est trois ou quatre
fois celle de l'eau bouillante, Newton
conclut que la température de la comète,
à son périhélie, était environ deux mille
fois aussi grande que celle de ce métal en
ignition. Il calcula qu'un globe de fer rouge
qui aurait le volume de la terre mettrait
cinquante mille ans à se refroidir. En sup-

posant que la comète se refroidisse cent fois
plus vite, comme sa chaleur est deux mille
fois plus considérable, elle serait, son volume étant égal à celui de la terre, un million d'années à la perdre. Il pense, d'après
cela, que les comètes sont des corps com-
pactes, solides, fixes et durables, en un
mot une espèce de planètes qui se meuvent
librement, suivant les orbes très-obliques,
dans toutes les directions. Il croit qu'ils
persévèrent dans leurs mouvemens, dans
ceux mêmes qui sont opposés à ceux des
planètes ; que leur queue est une vapeur
très-légère due au noyau de la comète qu'é-
chauffe ou qu'enflamme le soleil. Il annonça qu'elles devaient être périodiques,
et se remontrer à chaque révolution.

Souvent on ne peut discerner le noyau.
De seize comètes observées par Herschell,
quatorze n'en montraient pas, et les deux
autres n'avaient qu'une lumière centrale
très-mal définie, qui peut être appelée un
noyau, mais non un disque. C'est l'absence
de ce disque qui rend les observations de
diverses comètes si incertaines.

Newton trouva, par les observations

faites sur la comète de 1680, que les vapeurs qui se montraient à l'extrémité de la
queue, le 25 janvier, avaient commencé à
monter dès le 11 décembre précédent, et
qu'ainsi elles avaient mis plus de quarante-
cinq jours à leur ascension, mais que toute
la queue qui était visible le 16 s'éleva en
deux jours qui s'étaient écoulés juste depuis son périhélie. Ainsi, la vapeur monta
au commencement, quand la comète ap-
prochait du soleil avec une vitesse prodigieuse, ensuite avec un mouvement re-
tardé par la gravité de ses particules, et
augmenta, par cette ascension, la longueur
de la queue ; mais celle-ci, nonobstant ses
dimensions, était formée des vapeurs qui
avaient monté depuis son périhélie. Celles
qui montèrent d'abord, et qui composaient
son extrémité, ne s'évanouirent que lorsqu'elle fut trop loin du soleil pour être
éclairée. Il résulte de là que les queues des
comètes qui sont les plus courtes ne s'é-
lèvent pas avec un mouvement rapide et
continuel. Ce sont des colonnes de vapeurs
qui se sont amassées lentement et à force de
temps ; elles participent néanmoins au

mouvement que ce noyau avait dans le principe, et continuent à se mouvoir avec lui dans les régions célestes.

L'ascension des vapeurs qui se dégagent d'une comète augmente par le mouvement circulaire dont elle est animée autour du soleil, et tend toujours à s'en éloigner, comme fait la fumée à l'égard du feu ; aussi plus la comète avance dans l'atmosphère dense du soleil et plus sa queue s'allonge. Les vapeurs étant ainsi dilatées, raréfiées et répandues dans les régions célestes, Newton pensa qu'elles peuvent être peu à peu, en vertu de leur gravité propre, attirées vers les planètes et se confondre avec leurs atmosphères, auxquelles elles fournissent de nouvelles particules pour remplacer celles qui ont servi à l'entretien de la vie et de la végétation. Une autre fin qu'il suppose aux comètes, c'est de servir à alimenter le soleil. Cela peut être, puisque lorsqu'elles sont à leur périhélie, la résistance de l'atmosphère solaire diminue leur force projectile, et que leur gravitation vers le soleil augmente par degrés, jusqu'à les faire tomber dans ce corps. C'est ainsi, peut-être, que les étoiles fixes qui diminuent graduellement d'éclat, reçoivent de nouveaux combustibles, acquièrent une nouvelle splendeur, et se montrent comme de nouvelles étoiles Celles qui apparaissent soudainement, et brillent d'un vif éclat qui va en s'affaiblissant, jusqu'à ce qu'il soit tout-à-fait éteint, sont probablement dues à la même cause. Si cette théorie est juste, les comètes doivent être regardées comme destinées à conserver le système solaire. Ces idées sont loin de celles qui sont admises aujourd'hui des physiciens modernes; cependant, nous devons le dire, nous ne sommes pas beaucoup plus avancés à cet égard qu'on ne l'était alors.

Rowing, qui n'approuvait par la théorie des comètes, de Newton, pense que leur queue se forme de la manière qui suit : on sait que lorsque la lumière du soleil traverse l'atmosphère d'un corps, tel que la terre, celle qui passe d'un côté est convergée par la réfraction vers celle qui passe de l'autre. Mais la convergence n'est complète, ni à l'entrée du fluide lumineux

dans l'atmosphère, ni à sa sortie ; le phénomène commence au contact et va toujours croissant. Il admet aussi que les
atmosphères des comètes sont très-considé-
rables et très-denses. Il suppose ensuite
que lorsque la lumière du soleil en a traversé une partie un peu étendue, ses
rayons sont tellement réfractés les uns vers
les autres qu'ils l'illuminent, ou plutôt
qu'ils illuminent les vapeurs qu'elle tient en
suspension et la rendent visible. C'est cette
portion qu'on appelle queue. On a des
exemples où elle s'étendait à plusieurs centaines de millions de mètres.

Cette opinion est au moins spécieuse. Si
la queue des comètes n'est qu'une illusion
d'optique, il est facile d'expliquer pourquoi
elle ne détruit pas les rayons des plus petites étoiles qu'on voit à travers. Il n'est
pas difficile d'admettre qu'une telle atmosphère doit rendre le corps opaque de la
comète fort peu distinct, si elle ne le rend
pas tout-à-fait invisible. On a essayé d'éta-
blir cette théorie par l'expérience. Suspen-
dez une petite sphère opaque dans le milieu
d'un globe de verre, et exposez-le à un

11*

faisceau de lumière comme celui qui part
du foyer d'un certain nombre de chandelles
placées de telle sorte , dans une ouverture
de mur , ou une porte , que la lumière à
laquelle elle donne passage arrive dans
une chambre obscure. Cette imitation du
phénomène des comètes serait plus exacte,
si on renfermait dans le globe de verre de
la vapeur d'eau.

La loi de Képler sur l'analogie qu'il y a
entre les temps périodiques des planètes et
leurs distances du soleil, est aussi applica-
cable aux comètes. Il résulte de là qu'on
peut trouver la distance moyenne d'une
comète au soleil , en comparant sa période
avec le temps de la révolution de la terre
autour de l'astre. Ainsi la période de la comète qui apparut en 1531 , 1607, 1682 et
1759 étant d'environ soixante-seize ans, on
trouve sa moyenne distance en faisant la
proportion suivante : le carré d'une année,
temps périodique de la terre , est à 5776,
carré de 76 , temps périodique de la comète , comme 1,000,000, cube de 100, distance moyenne de la terre au soleil , est
à 5,776,000,000, cube de la distance

moyenne de la comète. La racine cube de ce nombre est 1794, distance moyenne dans les parties qui sont telles que la distance moyenne de la terre contienne 100. Si la distance périhélie de la comète, 58, est retranchée de 3588, distance moyenne double, on aura la distance aphélie 3530 de parties telles que la distance de la terre en contienne 100. C'est un peu plus de trente-cinq fois la distance de la terre au soleil. La distance aphélie de la comète de 1680 serait, d'après cette méthode, de cent trente-huit fois la distance moyenne de la terre au soleil, en supposant sa période de 575 années, de manière que cette comète à son aphélie est à une distance quatorze fois plus grande que celle de Saturne au soleil.

HUITIÈME LEÇON.

Des étoiles fixes.

AVANT de nous engager dans les théories des étoiles fixes, il convient de nous former, s'il est possible, une idée de leur distance. Pour y parvenir, il faut se rappeler qu'une parallaxe est un angle soutendu par les rayons visuels qui viennent d'un objet, vu en deux positions différentes. Nous avons déjà dit que la lune est si près de nous, que sa distance peut être évaluée avec assez d'exactitude par une parallaxe horizontale ; ce qui équivaut à la voir, de deux situations séparées par le demi-diamètre de la terre. Mais la distance du soleil est si grande qu'une parallaxe horizontale ne donnerait pas un résultat satisfaisant. Les astronomes ont eu recours au passage de Vénus, pendant

lequel tout le diamètre de la terre forme
une parallaxe, et les met à même de ré-
soudre le problème. Mais deux stations
séparées de tout le diamètre de la terre,
ne seraient pas capables de nous donner
la distance d'une étoile fixe. A quel moyen
recourir? à un qui est bien suffisant, celui
qui consiste à observer et à prendre la parallaxe de ces corps, de deux points opposés de l'orbite de la terre. C'est ce qu'on
appelle la *grande parallaxe* ou la *pa-*
rallaxe annuelle. Hook, Flamsteed et
Bradley observèrent, à l'aide du secteur
du zénith, aux équinoxes de printemps et
d'automne, le passage de γ du Dragon
sur le télescope perpendiculaire, se pro-
mettant que le diamètre de l'orbite de la
terre ferait un angle ou parallaxe avec
lui. Leur espérance ne se réalisa pas. L'é-
toile paraissait si près de la même place à
chacune de ces deux stations de la terre,
qui sont cependant à plusieurs centaines
de millions de mètres l'une de l'autre, que
l'angle n'était pas appréciable. Bradley con-
jectura qu'il pouvait être d'environ deux
secondes, ce qui aurait donné une distance

quatre cent mille fois plus grande que celle
de la terre au soleil. Cassini suppose que
la parallaxe annuelle de Sirius, qu'on regarde comme la moins éloignée des étoiles
fixes, est de six secondes, ce qui la place-
rait dix-huit mille fois plus loin de nous
que le soleil. On ne sait rien d'exact sur ce
sujet, si ce n'est que cet immense diamètre
de l'orbite terrestre, comparé à la distance
la moins éloignée des étoiles fixes, est une
quantité imperceptible.

Une chose remarquable, c'est que les
étoiles fixes n'ont pas une grandeur com-
mensurable, et ce qui l'est encore plus,
c'est qu'elles diffèrent tant en éclat. Vues
cependant à un fort télescope, les plus
brillantes ne paraissent qu'un point lumineux, extrêmement vif, mais indivisible.
Leur scintillement est occasioné par le
mouvement des molécules de notre atmosphère qui interceptent la lumière qu'elles
émettent, et la grandeur sous laquelle
elles nous apparaissent à œil nu, provient
de rayons accidentels, qui ne sont pas re-
cueillis par le télescope.

Il résulte de là que les étoiles fixes

brillent de leur propre lumière, autrement
elles seraient invisibles à l'œil nu ; car les
satellites de Jupiter et de Saturne , quoique placés à une distance dont on ne peut
mesurer l'étendue, ni distinguer leur grandeur à l'aide d'un télescope , réfléchissent
trop peu de lumière pour être visibles sans
cet instrument. Nous pouvons calculer la
distance à laquelle plusieurs centaines de
millions de mètres nous paraîtraient un
point ; et en supposant que nous prenions
cette distance pour celle de l'étoile fixe la
plus rapprochée de nous , nous reconnaî-
trons que le soleil, s'il y était placé, ne
nous apparaîtrait que comme une étoile.
Ne sommes-nous pas forcés , par ces considérations, d'admettre que les étoiles fixes
sont elles-mêmes des soleils ; que chacune
d'elles est le centre d'un système plané-
taire ; qu'elle dirige son mouvement, qu'elle
l'échauffe et l'éclaire, qu'elle est pour les
corps dont il se compose ce qu'est le soleil par rapport à nous ; que les planètes
des autres systèmes ont aussi leurs satellites qui sont comme elles invisibles pour
nous , et qu'enfin les étoiles fixes sont

aussi éloignées entre elles, qu'elles le sont de la terre ?

Les étoiles fixes diffèrent beaucoup en grandeur apparente, et néanmoins elles peuvent se distribuer en six classes : les étoiles de première, de seconde, de troisième, de quatrième, cinquième et sixième grandeur. Celles-ci sont à peine visibles à œil nu. Celles qu'on ne peut voir qu'avec le secours d'un télescope sont dites étoiles télescopiques.

Les astronomes divisent le ciel en trois régions : l'hémisphère du nord, celui du sud, et le zodiaque. Des étoiles de différentes grandeurs se montrent dans chacune de ces régions, et sont classées en ce qu'on appelle constellations, ou systèmes des étoiles, suivant la position qu'elles occupent dans le ciel, et la figure des animaux qu'elles y dessinent.

Cette division des étoiles en différentes constellations sert à les distinguer, en sorte qu'on peut trouver facilement dans le ciel, à l'aide d'un globe sur lequel les constellations sont dessinées, les principales étoiles placées dans les parties des figures les plus saillantes. La lettre grecque ou romaine, ou le nombre qu'on a joint à chaque étoile, sert à les faire apercevoir. C'est un signe, une espèce de nom qui éloigne les méprises. Si la même lettre est employée plusieurs fois, si, par exemple, nous voyons α dans Orion et α dans les Gémeaux, elle prend la dénomination du corps céleste, et l'on dit l'alpha d'Orion, l'alpha des Gémeaux. Avant cet arrangement, les étoiles principales de chaque constellation avaient des noms propres et s'appelaient Aldébaran, Castor et Pollux, etc.

La table suivante renferme les constellations et le nombre des étoiles que comprend chacune d'elles jusqu'à la sixième grandeur, avec les noms des principales étoiles de chaque constellation et les numéros de leur ordre de grandeur.

12

CONSTELLATIONS DU ZODIAQUE.

CONSTELLATIONS.		NOMBRE DES ÉTOILES.	PRINCIPALES ÉTOILES ET LEUR GRANDEUR.	
Aries.	Le Bélier.	66	"	
Taurus.	Le Taureau.	140	Aldébaran.	1
Gemini.	Les Gémeaux.	85	Castor et Pollux.	1.2
Cancer.	L'Écrevisse.	83	"	
Leo.	Le Lion.	95	Régulus.	1
Virgo.	La Vierge.	110	Spica Virginis.	1
Libra.	La Balance.	51	Zubenisch mala.	2
Scorpio.	Le Scorpion.	44	Antarès.	1
Sagittarius.	Le Sagittaire.	69	"	
Capricornus	Le Capricorne.	51	"	
Aquarius.	Le Verseau.	108	Schut.	3
Pisces.	Les Poissons.	112	"	

CONSTELLATIONS AU NORD DU ZODIAQUE.

Ursa minor.	La petite Ourse.	24	Stella polaris.	2
Ursa major.	La grande Ourse.	87	Dubhe.	1
Cassiopeia.	Cassiopée.	55	"	
Perseus.	Persée.	59	Algenib.	2
Auriga.	Le Chariot.	56	Capella.	1
Bootes.	Le Cocher.	54	Arcturus.	1
Draco.	Le Dragon.	60	Rastaber.	2
Cepheus.	"	35	Aldéramin.	3
Canes venatici.	Le Lévrier.	25	"	
Corona Caroli.	La Couronne de Charles.	3	"	
Triangulum.	Le Triangle.	16	"	
Triangulum minus.	Le petit Triangle.	5	"	
Musca.	L'Abeille.	6	"	
Lynx.	"	14	"	
Leo minor.	Le petit Lion.	24	"	
Coma Berenicis.	La Chevelure de Bérénice.	40	"	

CONSTELLATIONS AU NORD DU ZODIAQUE. (SUITE.)

CONSTELLATIONS.		NOMBRE DES ÉTOILES.	PRINCIPALES ÉTOILES ET LEUR GRANDEUR.	
Camelopardalis.	Le Chameau.	58	»	
Mons Menelaüs.	»	11	»	
Corona Borealis.	Couronne du Nord.	21	»	
Serpens.	Le Serpent.	5o	»	
Scutum Sobieski.	Le Bouclier de Sobieski.	8	»	
Hercules cum Ramo et Cerbero.	Hercule agenouillé.	113	Ras Algiatha.	3
Serpentarius sive Ophiuchus.	Le Serpentaire.	67	Ras Alhagus.	3
Taurus Poniatowski.	»	7	»	
Lyra.	La Lyre.	22	Véga.	1
Vulpecula et Anser.	Le Renard et l'Oie.	37	»	
Sagitta.	La Flèche.	18	»	
Aquila.	L'Aigle.	4o	»	
Delphinus.	Le Dauphin.	18	»	
Cycnus.	Le Cygne.	73	Daneb Adige.	1
Equuleus.	La Crinière du Cheval.	10	»	
Lacerta.	Le Lézard.	16	»	
Pegasus.	Le Cheval.	85	Markab.	2
Andromeda.	»	66	Almaae.	2

CONSTELLATIONS AU SUD DU ZODIAQUE.

Phœnix.	Le Phénix.	13	»	
Officina Sculptoria.	»	12	»	
Eridanus.	La Rivière.	76	Acharnar.	1
Hydrus.	L'Hydre.	10	»	
Cetus.	La Baleine.	8o	Menckar.	2
Fornax Chemica.	»	14	»	
Horologium.	»	12	»	
Reticulus rhomboïdalis.	»	10	»	
Xiphias.	Le Sabre du Poisson.	7	»	
Cæla Praxitelis.	»	16	»	

CONSTELLATIONS AU SUD DU ZODIAQUE. (SUITE.)

CONSTELLATIONS.		NOMBRE DES ÉTOILES.	PRINCIPALES ÉTOILES ET LEUR GRANDEUR.
Læpus	Le Lièvre.	19	»
Columba Noachi.	La Colombe de Noé.	10	»
Orion.	»	78	Betelguese.
Argo Navis.	Le Navire.	50	Canopus.
Canis major.	Le grand Chien.	30	Sirius.
Equuleus Pictorius.	»	8	
Monoceros.	La Licorne.	31	»
Canis minor.	Le Petit Chien.	14	Procyon.
Chamæleon.	Le Caméléon.	10	»
Pixis nautica.	»	4	»
Piscis volans.	Le Poisson volant.	8	»
Hydra.	»	60	Cor hydræ.
Sextans.	Le Sextant.	4	»
Robur Carolinum.	Le Chêne.	12	»
Machina pneuma-tica.	»	3	»
Crater.	La Coupe.	11	Alkes.
Corvus.	Le Corbeau.	9	Algorab.
Crux.	La Croix.	6	Crucis.
Musca.	L'Abeille.	4	»
Apus.	L'oiseau de Paradis.	11	»
Circinnis.		4	»
Centaurus.	Le Centaure.	36	»
Lupus.	Le Loup.	24	»
Quadra Euclidis.	»	12	»
Triangulum austra-le.	Le Triangle du Sud.	5	»
Ara.	L'Autel.	9	»
Telescopium.	Le Télescope.	9	»
Corona Australis.	La Couronne du Sud.	12	»
Pavo.	Le Paon.	14	»
Indus.	L'Indien.	12	»
Microscopium.	Le Microscope.	10	»
Octans Hadleianus.	L'Octant d'Halley.	43	»
Grus.	La Grue.	14	»
Toucan.	L'Oie américaine.	9	»
Piscis australis.	Le Poisson du Sud.	20	Tomalhaut.

Ce catalogue ne renferme que 8192 étoiles; mais on en aperçoit infiniment plus à l'aide des instrumens. Hook en découvrit, avec un télescope de douze pieds, 78 dans les Pléiades, et un nombre plus considérable encore avec un télescope à plus fortes dimensions. Il en distingua 2000 dans la constellation d'Orion, où l'on en comptait 78. Herschell, avec un télescope qui grossissait cinq à six mille fois, en a compté 44,000 dans un espace du ciel de huit degrés en longueur et de trois en largeur. Si toutes les parties du ciel en renferment autant dans le même espace, celles que rendrait visibles ce télescope s'élèveraient à soixante-quatorze millions.

Képler a fait une observation très-ingénieuse sur les grandeurs et les distances des étoiles fixes. Il remarque qu'il n'y a que treize points sur la surface d'une sphère qui soient aussi éloignés entre eux qu'ils le sont du centre; et supposant que les étoiles fixes les plus rapprochées sont aussi éloignées les unes des autres qu'elles le sont du soleil, il tire cette conclusion

12*

qu'il n'y a rigoureusement que treize étoiles
de première grandeur. A deux fois la distance du soleil, il peut y en avoir quatre fois
autant, et ainsi de suite; ce mode de calcul
nous donne à peu près le nombre des
étoiles de première, deuxième et troisième
grandeurs.

Un fait aussi singulier que constant,
c'est que certaines étoiles, observéés par
les anciens, sont devenues invisibles, et
que d'autres, qui leur étaient inconnues,
ont apparu; quelques-unes de celles-là ont
aussi disparu, pour devenir de nouveau
visibles.

Un ancien astronome, Hipparque, ayant
observé la disparition d'une étoile, se
détermina à faire un catalogue de celles
qui sont fixes, afin de mettre les généra-
tions suivantes à même de constater les
changemens qu'aurait éprouvés le ciel :
plusieurs siècles après, Tycho-Brahé observa une nouvelle étoile, et fit un catalogue dans la même vue. Halley nous a
laissé un travail intéressant sur les changemens généraux qu'ont éprouvés ces corps.
Voici les détails qu'il donne à cet égard.

« La première nouvelle étoile de Cassiopée
ne fut pas aperçue par Cornélius Gemma
le 8 novembre 1572. Il raconte que le
temps était serein et le ciel étoilé ; cependant il ne la vit pas, mais la nuit suivante elle apparut avec une splendeur
qui surpassait celle des étoiles fixes. Elle
était presque aussi brillante que Vénus.
Elle ne fut vue par Tycho-Brahé que le
11 du même mois ; depuis cette époque,
elle diminua graduellement, et disparut
en mars 1574, après seize mois d'apparition ; elle ne s'est pas représentée. Sa place
dans la sphère des étoiles fixes reconnues
par les observations de Tycho-Brahé,
était par 0ˢ 9° 17′ d'ascension droite, et
53° 45′ de déclinaison boréale. Le 30 septembre 1604, les élèves de Képler en
aperçurent une autre qui n'avait pas été
vue la veille ; elle se montra de suite avec
une lumière qui surpassait celle de Jupiter.
Elle s'affaiblit comme la première, et
disparut comme elle en janvier 1605. Elle
était près de l'écliptique vers la jambe
droite du Serpentaire. D'après les observations de Képler, elle avait 7ˢ 28° 0′ d'as-

cension droite et une déclinaison de 1° 56'. Ces deux étoiles semblent être d'une espèce particulière ; on n'en a pas revu de semblable. Mais entre ces deux apparitions, c'est-à-dire en 1596, David Fabricius en observa une autre dans la Baleine, qui était aussi brillante qu'une étoile de troisième grandeur. On a reconnu depuis qu'elle éprouvait des changemens périodiques dans l'intensité de sa lumière. Elle ne se montre pas toujours avec le même éclat, mais elle n'est jamais totalement éteinte, et peut constamment se voir avec un télescope. Elle était seule de son espèce, jusqu'à celle qui fut découverte dans le cou du Cygne. Elle a une ascension droite de 1° 40', avec 15° 57' de déclinaison. Une nouvelle étoile variable fut découverte en 1600 par W. Jausonius sur la poitrine du Cygne. Celle-ci n'excédait pas la troisième grandeur. Au bout de quelques années elle devint si petite, qu'on crut qu'elle avait entièrement disparu ; mais elle se montra de nouveau en 1657, 1658 et 1659 ; elle s'affaiblit peu à peu, et bientôt elle ne fut plus que de la cinquième et sixième grandeur. Elle était par 9ˢ 18° 38′ d'ascension droite, avec 55° 29′ de déclinaison boréale. Le 15 juillet 1670, Hévélius en découvrit une qui paraissait de sixième grandeur, mais qui se voyait à peine à œil nu, au commencement d'octobre. En avril suivant, elle redevint brillante, et disparut totalement vers le milieu d'août. Elle fit une nouvelle apparition en mars de l'année suivante, mais ne se montra plus que de la sixième grandeur. Elle n'a pas reparu depuis. Sa place était 9ˢ 3° 17′ d'ascension droite, et 47° 28′ de déclinaison boréale. La sixième et la dernière est celle qui fut découverte par G. Kirch en 1686; sa période est de 404 jours et demi, et quoiqu'elle excède rarement la cinquième grandeur, elle est très-régulière dans ses retours, comme on l'a vu en 1704. Elle se montra de nouveau le 15 juin 1715 une des premières étoiles télescopiques; elle augmenta jusqu'en août, qu'elle devint visible à œil nu, et continua ainsi jusqu'en septembre. Elle diminua alors peu à peu, et le 8 décembre elle était à peine visible au télescope. Sa période est d'environ six mois, et le moment de son plus grand éclat arrive vers le 10 septembre.

E. Pigot a divisé en deux classes les étoiles qu'on soupçonnait dans le siècle passé d'être variables. La première contient celles qui le sont véritablement, et la seconde, celles au sujet desquelles il n'y a que présomption. La première classe en contient douze de la première à la quatrième grandeur, y compris celle qui parut dans Cassiopée en 1572, et celle qui se montra en 1604 dans le Serpentaire. La seconde renferme les noms de trente étoiles de la première à la septième grandeur. Cet auteur pense que la célèbre étoile de Cassiopée est périodique, et met cent cinquante ans à faire sa révolution. Kell partage cette opinion; et, comme l'observe Pigot, on ne peut conclure qu'elle n'ait pas apparu, de ce qu'elle n'a pas été observée à l'expiration de chaque période; et d'ailleurs quelques-unes de ces étoiles changeantes peuvent, dit-il, avoir à différentes périodes un éclat différent, et quelquefois n'augmenter que jusqu'à la neuvième grandeur. Si cela est, sa période est probablement plus courte. D'après cette considération, il prit en septembre 1782 le plan des petites étoiles près du lieu où elle s'était montrée ; mais, en quatre ans, il n'observa pas de changemens. Il examina ainsi l'étoile du cou de la Baleine de la fin de 1782 à 1786, et trouva qu'elle n'excédait jamais la sixième grandeur, quoiqu'elle se fût montrée auparavant de la troisième. Il déduisit sa période de son égalité apparente avec une étoile plus petite du voisinage, et trouva ainsi qu'elle devait être de trois cent vingt, trois cent vingt-huit et trois cent trente-sept jours. Une autre étoile changeante des plus remarquables, est celle qui porte le nom d'Algol dans la tête de Méduse ; on savait depuis long-temps qu'elle était variable. Sa période fut reconnue par Goodricke, qui commença à l'observer dans les premiers mois de 1783. Elle semble avoir une période d'environ deux jours vingt-une heures, pendant laquelle elle passe graduellement de la deuxième à la quatrième grandeur pendant environ trois heures et demie ; ce temps révolu, elle recouvre graduellement son plus grand éclat, le conserve jusqu'à la fin de sa période, et commence alors à diminuer.

Ces changemens des étoiles fixes ont donné naissance à une foule d'hypothèses. Newton pense, comme nous l'avons déjà dit, que l'éclat passager de quelques-unes d'entre elles est dû à une addition de combustible que leur fournit l'approche de quelque comète. Maupertuis croit que quelques étoiles peuvent, en vertu de la vitesse prodigieuse du mouvement de rotation qu'elles éprouvent sur leur axe, non-seulement prendre la figure d'un sphéroïde aplati, mais qu'elles peuvent, en vertu de la force centrifuge qu'elles reçoivent de la rotation, devenir aussi plates qu'une meule de moulin ou se réduire à un plan circulaire si mince qu'elles soient entièrement invisibles quand leur bord est tourné vers nous, comme fait l'anneau de Saturne, lorsqu'il se trouve dans une telle position : mais quand des planètes très-excentriques ou des comètes tournent autour d'une étoile plate dans des orbites fortement inclinés à son équateur, l'at-

traction qu'elles exercent à leur périhélie,
doit altérer l'inclinaison de l'axe de cette
étoile. Elle nous paraîtra, en conséquence,
d'autant plus large et lumineuse que son
grand bord sera plus tourné vers nous.
Une troisième opinion est que ces changemens peuvent être produits par des
taches qui couvrent la surface des étoiles,
de manière que, quand la rotation périodique qu'elles éprouvent sur leurs axes,
les tourne vers nous, l'astre ne paraît plus
ou paraît moins brillant. On pensait autrefois qu'elles tournaient dans des orbites
considérables, et que nous ne pouvions les
voir que lorsqu'elles étaient aux points les
plus rapprochés de nous. Il est probable
que ce n'est pas une cause unique qui détermine ces phénomènes, mais qu'ils sont
dus tantôt à l'une, tantôt à l'autre, peut-
être même à quelques-unes que nous ne
soupçonnons pas. Des siècles s'écouleront
avant qu'on puisse asseoir son opinion à
cet égard.

Le soir, quand le temps est clair, que
l'on distingue bien les étoiles, on observe
dans le ciel une large bande d'une cou-

13 '

leur blanchâtre, qu'on appelle voie lactée.
Si on examine avec attention, on remarque
différentes places blanchâtres séparées qui
présentent la même apparence que la voie
lactée, mais qui ne sont pas aussi brillantes ; on les appelle *nébuleuses*.

La voie lactée embrasse la concavité céleste ; elle est de largeur irrégulière, quelquefois double, mais plus souvent simple.
Elle varie de 4° à 20° ; elle passe à travers
Cassiopée, Persée, la Chèvre, les pieds
des Gémeaux, la massue d'Orion, partie
de Monocéros, la queue du grand Chien,
traverse le navire Argo, le Chêne de Charles
et le pied du Centaure ; là elle se divise
en deux parties : sa branche Est passe à
travers Ara, la queue du Scorpion, le pied
oriental du Serpentaire, l'arc du Sagittaire, le Bouclier de Sobieski, le pied
d'Antinoüs et le Cygne. Sa branche Ouest
passe à travers la partie supérieure de la
queue du Scorpion, la droite du Serpentaire et du Cygne et l'extrémité de Cassiopée. Herschell observa la voie lactée avec
un puissant télescope, et reconnut que
l'apparence qu'elle présente est due à un

amas d'étoiles immense. La portion qu'il
observa la première fut celle qui avoisine
la main et la massue d'Orion; il chercha à
évaluer la multitude d'étoiles dont elle est
parsemée, en comptant celles qu'embras-
sait le champ de son télescope, afin d'en
déduire la moyenne de celles que renferme
une portion donnée de la voie lactée;
mais l'espace qui lui en présenta le moins,
en offrait encore 63; six autres positions
qu'il prit vers le même lieu lui en offraient
110, 60, 70, 90, 70, et 74, ce qui donnait
76 pour la moyenne des étoiles dans chaque champ; ainsi il trouva qu'en une heure
il était passé dans le champ de son télescope, qui avait quinze minutes de diamètre, une zone du ciel de quinze degrés
de longueur, de deux de largeur, et que
cette zone contenait au moins 50,000 étoiles, dont la plus petite était encore assez
grande pour être vue distinctement : il fut
amené à soupçonner qu'il y en avait une
quantité deux fois plus considérable qu'il
ne put en voir, attendu que la lumière
qu'elles émettent est trop faible.

Le succès que Herschell obtint en exa-

minant la voie lactée, l'engagea à observer
les parties nébuleuses du ciel ; il découvrit, à l'aide d'un réflecteur newtonien
de 20 pieds de foyer et 12 pouces d'ouverture, qu'elles sont entièrement compo-
sées d'étoiles, ou qu'au moins elles en contiennent assez pour qu'on puisse supposer
qu'elles en sont totalement formées.

Les nébuleuses se divisent en trois es-
pèces. La première comprend celles qui
consistent en un grand nombre d'étoiles
accumulées ensemble et visibles au télés-
cope. C'est dans cette classe qu'est la fa-
meuse nébuleuse du Cancer qui forme
une réunion de vingt-cinq à trente étoiles.
La seconde espèce consiste en une ou plusieurs étoiles environnées d'une lueur blanchâtre à travers laquelle elles brillent. Il y
en a plusieurs de cette espèce; mais une des
plus remarquables est celle d'Orion, qui
paraît, lorsqu'on l'examine avec un bon
télescope, formée d'une lueur blanchâtre
presque triangulaire; elle contient sept
étoiles dont l'une paraît elle-même envi-
ronnée d'un petit nuage plus brillant que
le reste de la nébuleuse. Celles de la troi-

sième sont des taches blanches dans lesquelles on n'aperçoit pas d'étoiles au télescope; il y en a 14 de cette classe dans l'hémisphère austral, parmi lesquelles la tache que les marins appellent nuage magellanique, occupe le premier rang. Herschell a donné un catalogue de 2000 nébuleuses et amas d'étoiles qu'il a découverts.

Herschell a résolu un problème général en supputant la longueur du rayon visuel; celui du télescope dont il faisait usage atteignait à quatre cent quatre-vingt dix-sept fois la distance de Sirius. D'après ce raisonnement, Sirius ne peut être plus près que 100,000×194,000,000 de milles; ainsi son télescope portait au moins à 100,000 × 194,000,000 × 497 milles. Et il observe que dans la partie la plus fournie de la voie lactée, il y a des champs de vue renfermés dans quelques minutes qui contiennent jusqu'à 588 étoiles; que dans un quart d'heure il en a vu 116,000 passer dans le champ de son télescope qui n'avait que 15′ d'ouverture; une autre fois, en 41 minutes, il en a vu passer 258,000; que chaque amélioration qu'il a apportée

13*

dans ses télescopes lui a fait découvrir plus
d'étoiles ; il ne paraissait pas qu'il y eût
plus de bornes à leur nombre qu'à l'é-
tendue de l'univers.

Le soleil, comme la plupart des étoiles,
a probablement un mouvement progressif
direct vers la constellation d'Hercule, dans
lequel il entraîne toutes ses planètes. Herschell observe encore à cet égard que les mouvemens propres apparens de 44 étoiles sur
56, qu'il a étudiées, sont presque dans la
direction qui produirait un mouvement
réel de cette espèce dans le système solaire, et que les étoiles brillantes d'Arcturus et de Sirius, qui sont probablement
les plus rapprochées de nous, ont, comme
elles le doivent d'après cette théorie, les plus
grands mouvemens apparens. L'étoile de
Castor, vue au télescope, paraît formée
de deux étoiles de grandeur presque égale,
et, quoiqu'elles aient un mouvement apparent, on n'a pu reconnaître une variation
de distance respective d'une seule seconde, ce qui est facile à saisir si leurs
mouvemens apparens sont dus au mouvement réel du soleil.

NEUVIÈME LEÇON.

Des marées.

La relation qui existe entre les mouvemens de l'Océan et ceux de la lune a été observée dès la plus haute antiquité ; mais c'est Kepler qui reconnut le premier que c'est réellement l'attraction de cet astre qui les produit. « Si, dit-il, la terre cessait de retenir les eaux, l'Océan s'élèverait et coulerait sur la lune. La sphère d'attraction de ce corps s'étend jusqu'à la planète que nous habitons, et en attire les eaux. » Newton fit voir ensuite que la cause assignée par Kepler s'accorde avec sa théorie de la gravitation universelle, et expliqua à la fois la cause des marées sur les deux côtés de la terre opposés à la lune. Cette doctrine n'est, aujourd'hui, contestée par personne.

En expliquant les principes généraux sur

lesquels reposent les marées, il ne faut pas
oublier qu'il n'y en aurait pas si la lune
agissait d'une manière uniforme sur toute
l'étendue de l'Océan, que c'est l'inégalité
de son action qui les produit. L'action de
la lune est à son maximum dans la direction d'une ligne qui joindrait son centre
de gravité à celui de la terre ; cette ligne
est comme un axe de chaque côté duquel
s'écoule l'Océan; et comme cette ligne se
meut, l'eau qui s'élève au premier moment
de l'action de la lune, continue à se mouvoir avec elle. L'inégalité de l'action de la
lune n'est pas assez grande pour détruire
la cohésion qui unit les parties solides de
la terre, elle n'est par conséquent pas
affectée ; mais les particules des fluides
sont assez mobiles pour obéir à son influence. **Pour** mieux entendre pourquoi
la lune exerce une action inégale sur la
terre , il faut se rappeler que la force de
gravité diminue comme le carré de la distance augmente ; et ainsi les eaux de la
terre ABCDEFGH, fig. 1, pl. IV, doivent
être plus attirées en **Z** , côté le plus voisin
de la lune **M**, qu'au centre de la terre **O** ;

et les parties centrales sont plus attirées par la même puissance que les eaux du côté opposé de la terre N ; donc la distance du centre de la terre et les eaux qui sont à sa surface du côté opposé à la lune, augmentera. Car, supposez trois corps en H, O et D, qui soient également attirés par le corps M, ils s'en rapprocheront avec la même vitesse et garderont leurs distances respectives. Si l'attraction de M est inégale, le corps qui est le plus fortement attiré, marchera le plus vite et s'éloignera ainsi davantage de l'autre corps. D'après les lois de la gravitation, M attirera H plus fortement que O; ainsi la distance qui sépare H de O augmentera, et un spectateur placé en O apercevra H se rapprochant plus de Z. Il en sera de même pour O. Plus fortement attiré que D, il ira plus vite vers M; conséquemment la distance entre O et D sera augmentée, et le spectateur placé en O, ne s'apercevant pas de son propre mouvement, verra D reculer vers N ; ces effets et ces apparences sont les mêmes, que D s'éloigne de O, ou O de D.

Supposez maintenant qu'il y a un certain
nombre de corps, comme A, B, C, D, E,
F, G, H; que O soit, en un mot, couvert
d'une couche liquide; comme elle est toute
entière attirée vers M, les parties qui se
trouvent en H et en D s'éloigneront de O,
tandis que celles qui sont en B et en F,
étant presqu'à la même distance de M que
de O, ne s'éloigneront pas entre elles,
mais s'approcheront plutôt de O, solici-
tées comme elles sont par l'attraction oblique de M; la couche de liquide prendra
en conséquence la forme d'une ellipse ZIB
LNKFRZ, dont le grand axe NOZ prolongé passera par M, et le petit BOF se
terminera en B et en F. Supposez la couche remplie de particules fluides, et formant une sphère ronde O, comme tout ce
système s'avance en M, la sphère fluide
étant allongée en Z et en N prendra une
forme oblongue ou sphéroïdale. Si M est
la lune, O le centre de la terre, ABCDEF
GH, la mer qui couvre la surface de celle-
ci, il est évident que tandis que notre
planète obéira à sa gravité et s'avancera
vers la lune, l'eau qui est directement sous

cet astre, en H, se gonflera ; que celle qui est en D s'éloignera du centre, et s'élèvera du côté opposé, tandis que celle qui est en B et en F s'abaissera au-dessous de son premier niveau. Mais comme la terre tourne autour de son axe en 24 heures 50 minutes, il y a dans cet intervalle deux marées montantes et deux marées descendantes. Par le mouvement de la terre sur son axe, la partie la plus élevée de l'eau est portée au delà de la lune dans la direction de la rotation ; mais l'eau obéit à l'impulsion accumulée qu'elle a reçue, et continue à s'élever après qu'elle a passé directement sous la lune, quoique l'action immédiate de cet astre commence à décroître. Elle n'atteint sa plus grande élévation qu'une heure ou plus après que la lune a cessé d'être au méridien du lieu où elle se trouve. Dans les mers ouvertes, où l'eau coule librement, la lune M est au nord ou au sud du méridien comme en p, quand les plus hautes eaux sont en Z et en N. Car il est facile de concevoir que, quoique l'attraction de l'astre ait cessé après qu'elle a passé au méridien, le mouvement d'ascension qu'il a déjà communiqué aux eaux, continuera encore quelque temps à les élever. Cela doit être à plus forte raison quand l'attraction n'a fait que diminuer; c'est un phénomène analogue à celui que présente la chaleur, qui est plus forte à deux heures après midi que lorsque le soleil est au méridien. Les marées ne correspondent pas toujours à la même distance de la lune au méridien, pour le même lieu; elles sont diversement modifiées par l'action du soleil, qui les fait avancer quand la lune est dans son premier ou dans son troisième quartier, et les recule quand elle est dans le second et le quatrième; dans le premier cas, les marées que soulève le soleil arrivent plus tôt que celles qui sont dues à l'action de la lune; dans le dernier cas, elles arrivent plus tard.

Il est facile de concevoir que la lune doit produire cet effet sur les eaux de l'hémisphère qui est immédiatement au-dessous d'elle; mais on peut ne pas comprendre aussi parfaitement la manière dont elle produit le même effet sur l'hémisphère

opposé : comment, en un mot, elle détermine le flux et le reflux à nos antipodes
en même temps que parmi nous. Il faut
encore remarquer ici que ce n'est pas l'action absolue ou totale de la lune, mais la
différence d'action qu'elle exerce suivant
les lieux, qui constitue la force à laquelle
sont dues les marées. Le point Z est plus
près de la lune que les autres parties de
l'hémisphère BZF; les eaux qui l'avoisinent
sont ainsi plus fortement attirées par la
lune M que celles qui en sont plus éloignées ; et puisque cette attraction agit en
sens contraire de celle de la terre, les eaux
de toutes les parties de BF à Z doivent
perdre de leur gravité ou tendance à se
précipiter vers le centre O, et comme cette
tendance à se précipiter vers le centre est
la plus faible au point Z, elles y resteront
plus hautes que dans toute autre partie de
l'hémisphère. Maintenant l'attraction de
la lune s'exerce aussi inégalement sur l'hémisphère opposé, BFN, et cette inégalité
d'action produit les marées. De B et F à
N, la force de l'attraction de la lune diminue conformément à la règle générale,

14

comme le carré de la distance augmente. Elle est à son minimum en N; et comme l'attraction des eaux au centre de la terre est ainsi la moindre dans ce lieu, parce que, dans l'hémisphère BFN, l'attraction de la lune, qui est proportionnelle à son rapprochement des parties B et F, favorise celle de la terre, les eaux s'y élèvent plus haut que dans les autres parties de l'hémisphère. Ainsi la lune élève à la fois les eaux qui se trouvent au point de la terre qui est le plus rapproché d'elle et à celui qui en est le plus éloigné. Dans un port ou havre, sur une mer ouverte, l'action de la lune tend à élever les eaux, quand elle est au méridien de ce lieu, soit au-dessus, soit au-dessous de l'horizon. Mais les eaux ne peuvent s'élever dans un lieu sans s'abaisser dans un autre, et c'est aux côtés opposés de la surface de la terre, que ces élévations et ces abaissemens seront le plus considérables. Quand la lune élève les eaux en Z et en N, elle les abaisse en B et en F; et quand, par la rotation de la terre, elle les élève en B et en F, elle les abaisse en Z et en F; comme, d'un autre côté, la

lune passe sur le méridien et est à l'horizon deux fois par jour, il doit y avoir,
comme il y a en effet, deux flux et deux
reflux en même temps, dans l'intervalle
d'environ 6 heures 12 minutes.

La force attractive qu'exerce le soleil sur
la terre est de beaucoup supérieure à celle
que déploie la lune ; mais comme la distance où se trouve le premier de ces corps
est près de quatre cents fois plus grande
que celle où est le second, l'intensité des
forces que développe l'un sur les différentes parties de notre planète se rapproche
plus de l'égalité que celles de l'autre ; et
comme c'est la différence d'intensité qui
seule produit les marées, son action est,
à cet égard, bien inférieure à celle de la
lune. Newton a calculé que son influence
était trois fois moindre. L'action du soleil
est cependant suffisante pour produire un
flux et un reflux, et il y a dans le fait
deux marées, une solaire et une lunaire,
qui ont un effet commun ou opposé, suivant la situation de ces corps. Dans la fig. 2,
pl. IV, ils agissent ensemble sur le même
côté de la terre ; la nouvelle lune en A,

et le soleil en S; leurs centres sont presque dans la même ligne, et ils élèvent les eaux en Z et en N plus haut qu'ils ne le feraient chacun séparément. Quand la lune est pleine, comme en B, directement opposée au soleil, et sur le côté opposé de la terre, elle agit encore dans la même ligne que cet astre; l'effet produit sur l'Océan est presque le même, et dans ce cas ils donnent naissance à ce qu'on appelle les grandes marées. Supposons maintenant, comme l'indique la fig. 3, que le soleil soit en S, tandis que la lune est en Q, dans son premier quartier. Dans ce cas, leurs actions se paralysent, car l'un cherche à soulever l'Océan et l'autre à le déprimer; si les forces étaient égales, il n'y aurait pas de marées; mais, comme celle de la lune est plus considérable dans la proportion de 3 à 1, elle élève les eaux deux fois plus haut que le soleil. Quand elle est arrivée à son troisième quartier, en R, sa situation relativement au soleil est la même que quand elle était au premier; l'astre agit, comme auparavant, suivant une ligne perpendiculaire par

rapport à celle-ci, et les effets se correspondent.

L'influence que le soleil et la lune exercent sur les eaux de l'Océan, varie avec
les distances de ces corps dans leurs orbites. Newton a fait voir que leurs actions
croissent comme les cubes des distances
décroissent; ainsi, si la lune était à une distance moitié moins grande, elle produirait
une marée huit fois plus forte qu'elle ne
fait. D'autres variations ont également lieu
par suite des diverses déclinaisons du soleil et de la lune à différentes époques;
car si l'un ou l'autre de ces astres était au
pôle, il déterminerait une élévation constante aux deux pôles, et une dépression à
l'équateur. Ainsi ces corps, en déclinant
au nord ou au sud de ce plan, exercent
une action moindre, et produisent des
marées très-basses. Elles atteignent le maximum d'élévation quand le soleil et la lune
sont à l'équateur où la force centrifuge est
la plus grande, que la lune est non-seulement nouvelle ou pleine, mais encore à
son périgée ou à son apogée. Cet effet serait encore plus grand si le soleil se trou-

14*

vait à la moindre distance où il peut être
de la terre, en même temps qu'il est à
l'équateur; mais cela est impossible, attendu qu'il est plus près de nous en hiver,
qu'il est au sud de l'équateur. Les flux sont
les plus hauts et les reflux sont les plus
bas aux temps des équinoxes, en mars et
septembre, parce qu'à cette époque les
circonstances qui influent sur l'élévation
des eaux, concourent ensemble, et produisent leur plus grand effet. Les plus
hautes marées arrivent un peu avant l'é-
quinoxe de printemps, quand le soleil s'é-
loigne de la terre, et un peu après celui
d'automne, quand il s'en approche.

Il résulte de cette théorie que, quand
l'axe de la terre incline vers la lune, les
marées du nord, si elles ne sont pas ré-
tardées par des canaux, des détroits, ni
contrariées par les vents, doivent être les
plus grandes quand la lune est sur l'horizon, et les plus faibles lorsqu'elle est au-
dessous. C'est l'inverse quand l'axe de la
terre s'éloigne; ces deux cas se répètent à des
intervalles de temps égaux. Quand l'axe de
la terre incline du côté de la lune, les deux

marées sont également élevées; mais elles arrivent dans des intervalles de temps inégaux. En été, l'axe de la terre incline vers la lune quand celle-ci est nouvelle, ainsi la marée du jour doit être la plus haute et celle de la nuit la plus basse vers cette époque; c'est le contraire dans la pleine lune. Elles doivent être d'égales hauteurs dans les quartiers, mais inégales à leurs décours, parce que l'axe de la terre est oblique par rapport à la lune. En hiver, les phénomènes sont les mêmes à la pleine lune qu'en été à la nouvelle. En automne, l'axe de la terre est oblique par rapport à la lune, quand elle est nouvelle ou pleine; les marées doivent donc être également hautes, et avoir à ces époques des retours inégaux. Au premier quartier, le flux doit être le moins considérable quand la lune est au-dessus de l'horizon, et le plus grand quand elle est au-dessous. C'est l'inverse pour le troisième quartier. Au printemps, les phénomènes du premier quartier répondent à ceux du troisième quartier en automne, et réciproquement. Plus l'on approche de l'une de ces saisons, et plus les marées participent des phénomènes qu'elles présentent à cette époque ; dans les intervalles, elles ont un état moyen entre leurs extrêmes.

Les marées ne peuvent exercer toute leur action, à moins que l'Océan auquel la lune est verticale, ne soit d'une profondeur uniforme et ne s'étende de l'est à l'ouest sur le globe entier. Elles sont aussi ralenties dans le passage des détroits, dans les canaux, par les caps et les promontoires ; elles sont modifiées par ces accidens, ainsi que par les lieux où elles arrivent à toutes les distances de la lune, prises à partir du méridien, et par conséquent à toutes les heures du jour lunaire. La marée, propagée par la lune dans l'Océan d'Allemagne, trois heures après son passage au méridien, met douze heures pour parvenir au pont de Londres, où elle arrive quand une nouvelle marée s'élève dans l'Océan. Les hautes eaux ont lieu, en plusieurs endroits, trois heures avant que la lune arrive au méridien ; mais cette marée, qui semble précéder la lune, n'est autre chose que la marée opposée à celle qu'elle a élevée neuf heures auparavant de l'autre côté du méridien.

Il n'y a pas de marée dans les lacs, parce qu'ils sont généralement si petits que, quand la lune est verticale, elle attire presque également toutes les parties des eaux, de manière qu'aucune ne paraît plus élevée que l'autre. Elle passe, du reste, si rapidement sur eux que l'équilibre n'a pas le temps de se troubler. La Méditerranée et la Baltique n'ont presque pas de marées, parce que les ouvertures par lesquelles elles communiquent avec l'Océan sont si étroites qu'elles ne peuvent, dans un temps si court, recevoir assez d'eau pour que leur surface s'élève sensiblement.

Dans les îles des Indes occidentales, les marées s'élèvent rarement au delà de douze à quatorze pouces, ce qui paraît d'autant plus remarquable que ces îles doivent, à raison de leur proximité de l'équateur, être plus influencées par la lune que les lieux où elles vont vingt ou trente fois au delà de cette quantité. Mais il faut observer que l'Océan atlantique s'éloignant

de la lune de l'ouest à l'est, l'influence
que cet astre exerce doit surtout se faire
sentir de l'est à l'ouest; cette marée,
comme une vague prodigieuse, est arrêtée
par l'Amérique et rebrousse quand la lune
passe sur l'Océan Pacifique. La lune d'ailleurs n'agit pas seule; les vents alisés souf-
flent dans la direction qu'elle imprime aux
eaux, et leur action est telle que les marées sont plus ou moins grandes, suivant
qu'ils concourent ou ne concourent pas
avec la lune. Le golfe du Mexique est une
cavité entre l'Amérique du nord et celle
du sud, dans laquelle les vents et les marées poussent perpétuellement les eaux;
les premiers flots qui s'y sont introduits
ont été retenus par ces deux causes, et
n'ont pu en sortir; ceux qui sont venus
ensuite, la trouvant pleine, n'ont pu s'é-
lever à la hauteur qu'ils atteignent dans
les lieux où elles n'agissaient pas. L'eau
qui est au-dessus du niveau général tend
constamment à le reprendre; mais les vents
alisés l'en empêchent, en soufflant continuellement de l'est. Ainsi accumulée, ne
pouvant revenir sur elle-même, elle coule

autour de la côte ouest de Cuba, se dirige au nord vers la côte d'Amérique, et forme le courant si remarquable du golfe des Florides. Pour faire voir que l'accumulation des eaux a lieu dans le golfe du Mexique, on a tiré une ligne de niveau à travers l'isthme de Panama, et on a reconnu qu'elles étaient plus élevées de quatorze pieds du côté de l'Atlantique que dans la mer Pacifique.

DIXIÈME LEÇON.

Lune d'automne et du Chasseur.

QUAND la terre, en tournant sur son axe de l'ouest à l'est, a passé d'un méridien au même méridien, la lune, qui tourne aussi de l'ouest à l'est, a avancé un peu plus de la trentième partie de son orbite, ou de douze degrés et quelques minutes ; c'est pourquoi les marées n'arrivent qu'après que la terre l'a dépassée, ce qui a lieu environ cinquante minutes plus tard chaque jour. Cela n'est cependant parfaitement exact que lorsqu'elle est à l'équateur ou tout auprès. La différence des angles que les différentes parties de l'orbite de la lune forment avec l'horizon fait singulièrement varier cette quantité dans les hautes latitudes. Elle se lève, deux fois l'an, presqu'à la même heure, pendant une semaine, et ces phénomènes arrivent successivement en automne : le premier est appelé lune d'automne, et le dernier lune du chasseur.

Le plan de la lune équinoxiale est perpendiculaire à l'axe de la terre, de manière que, comme celle-ci tourne sur son axe, toutes les parties du cercle équinoxial font des angles égaux avec l'horizon soit en se levant, soit en se couchant, c'est-à-dire que des portions égales sont toujours levées ou couchées dans des temps égaux. Conséquemment si le mouvement de la lune était égal et dans le plan équinoxial, à raison de 12° 11′ du soleil chaque jour, comme elle est dans son orbite, elle se lèverait et se coucherait chaque jour cinquante minutes plus tard. Mais son orbite approche tellement du plan de l'écliptique, que nous pouvons la considérer comme se mouvant dans l'écliptique. Maintenant les différentes parties de ce plan, à cause de l'obliquité de l'axe de la terre, font des angles différens avec l'horizon, qu'il se couche ou qu'il se lève. Les parties ou signes où elle se lève avec les plus petits an-

15

gles, sont celles où elle se couche avec les
plus grands, et réciproquement. Dans des
temps égaux, quand cet angle est le plus
petit, il se lève une plus grande portion
de l'écliptique que quand il est plus grand,
comme il est aisé de s'en convaincre, en
recourant à un globe. Ainsi, dans les fig.
4 et 5, pl. IV, L représente la latitude de
Londres, AB l'horizon de ce lieu, FP l'axe
du monde, Ee l'équateur, Kk l'écliptique.
L'écliptique, par suite de la position oblique de la sphère dans la latitude de Londres, a une haute élévation au-dessus de
l'horizon, et fait l'angle AVK dans la fig.
4, d'environ 62 $\frac{1}{2}$°, quand le signe du Cancer est sur le méridien, pendant que la
Balance se lève dans l'est. Mais quand l'autre partie de l'écliptique est au-dessus de
l'horizon, c'est-à-dire quand le signe du
Capricorne est au méridien et le Bélier se
lève à l'est, l'écliptique ne fait avec l'horizon qu'un angle très-petit, kVA, repré-
senté fig. 5. Cet angle n'est que d'environ
15°, c'est-à-dire de 47 $\frac{1}{2}$° plus petit que le
premier. Ainsi on conçoit que, comme la
sphère céleste paraît tourner autour de

l'axe FP, une plus grande portion de l'é-
cliptique se lèvera dans une portion donnée de temps, trois ou quatre heures, par
exemple, quand l'écliptique est dans la
situation de la fig. 5, que quand il est
dans celle de la fig. 4.

Dans les latitudes nord, le plus petit
angle que font l'écliptique et l'horizon a
lieu quand le Bélier se lève en même temps
que la Balance se couche; le plus grand
quand celle-ci se lève et que celui-là se
couche. L'angle croît du lever du Bélier à
celui de la Balance, qui est de douze heures
sidérales, et décroît dans la même proportion du coucher de l'une à celui de l'autre.
Il résulte de là que l'écliptique se lève
plus vite vers le Bélier, et plus lentement
vers la Balance.

Dans le parallèle de Londres, il se lève
autant de l'écliptique vers les Poissons et
le Bélier en deux heures, que de l'orbite
de la lune en six jours; cependant, tandis
que la lune est dans ces signes, elle ne
diffère que de deux heures dans ses levers
en six jours, c'est-à-dire qu'elle se lève,
terme moyen chaque jour, environ vingt

minutes plus tard ; mais , quatorze jours
après , la lune vient dans la Vierge et la
Balance , qui sont les signes opposés aux
Poissons et au Bélier ; alors elle diffère
presque quatre fois autant dans ses levers,
c'est-à-dire qu'elle se lève environ une
heure quinze minutes plus tard chaque
jour, pendant qu'elle est dans ces signes.
Comme le Taureau , les Gémeaux , le Cancer , le Lion, la Vierge et la Balance se
succèdent , l'angle de l'écliptique avec
l'horizon augmente graduellement, et décroît dans le même rapport qu'ils se couchent. Par cette raison, la lune diffère de
plus en plus dans son lever pendant qu'elle
est dans ces signes, et de moins en moins
dans son coucher, après quoi la différence
du lever devient chaque jour plus faible dans
les six autres signes, le Scorpion, le Sagittaire , le Capricorne, le Verseau , les Poissons, le Bélier, où elle atteint son minimum.

La lune tourne autour de l'écliptique
en vingt-sept jours huit heures environ ;
mais elle en met vingt-neuf et demi à revenir au même lieu , de manière qu'elle
est dans les Poissons et le Bélier, au moins

une fois chaque lunaison, et dans quelques cas deux fois.

Si la terre n'avait pas un mouvement annuel, le soleil ne paraîtrait pas changer de place dans l'écliptique; chaque nouvelle lune tomberait dans le même signe ou degré de ce plan, et chaque pleine lune dans l'opposé; car la lune irait précisément autour de l'écliptique d'un changement à l'autre. Si donc elle était pleine dans les Poissons ou le Bélier, elle reviendrait toujours pleine au même degré; et comme la pleine lune se lève quand le soleil se couche (parce que quand un point de l'écliptique se lève, le point opposé se couche), elle se lèverait constamment dans les deux heures du coucher du soleil, sous le parallèle de Londres, pendant la semaine où elle est pleine. Mais, dans le temps qu'elle s'éloigne, par rapport à l'écliptique, d'une conjonction ou d'une opposition, la terre arrive d'ordinaire au signe suivant; c'est pourquoi le soleil paraît faire ce trajet dans ce temps même, c'est-à-dire en 27 $\frac{1}{2}$ j.; ainsi, comme la lune, en 27 $\frac{1}{2}$ j., dépasse sa révolution, elle

15*

avance beaucoup plus loin que ne fait le soleil dans cet intervalle de $27\frac{1}{13}$ j. avant qu'elle puisse être de nouveau en conjonction ou en opposition avec lui. D'après cela, il est évident qu'elle ne peut être qu'une fois dans l'année en conjonction ou en opposition avec cet astre dans une partie quelconque de l'écliptique. On peut se faire une idée de ce phénomène en prenant pour exemple les deux aiguilles d'une montre qui, en douze heures, ne sont jamais qu'une fois en conjonction ou en opposition dans la partie du cadran qu'elles viennent de parcourir.

Comme la lune ne peut jamais être pleine que quand elle est opposée au soleil, et que le soleil n'est jamais dans la Vierge et la Balance que pendant les mois d'automne, il est clair que la lune n'est pleine dans les signes opposés, les Poissons et le Bélier, que dans ces deux mois; ainsi nous ne pouvons avoir dans l'année que deux pleines lunes qui se lèvent presqu'en même temps que le soleil se couche, pendant une semaine consécutive, comme on l'a déjà dit.

Quand la lune est dans les Poissons et le Bélier, elle peut se lever presqu'à la même heure, dans chaque révolution de son orbite, ce qui est exactement le phénomène de la lune d'automne : mais elle y passe sans qu'on y fasse attention, parce que, dans l'hiver, ces signes se lèvent à midi, et que, comme ils sont seulement à la distance d'un quart de cercle du soleil, la lune qui se trouve au milieu de son premier quartier, se lève vers midi, temps auquel son lever n'est pas remarqué. Au printemps, ces signes se lèvent avec le soleil, parce que l'astre est dans ces signes ; la lune, qui s'y trouve par conséquent aussi, est en conjonction avec le soleil, et se lève sans qu'on l'aperçoive. Dans l'été, ces signes se lèvent vers minuit ; le soleil les précède de trois signes ou de 90° ; la lune qui se trouve dans ces signes est à son troisième quartier ; elle donne peu de lumière, se lève tard, ce qui fait que le phénomène de son lever, qui a lieu presqu'à la même heure pendant plusieurs nuits, ne s'aperçoit pas. Il en est autrement en automne : les signes du Bélier et des Poissons se lèvent vers le coucher du soleil, et la lune qui est dans ces signes, se trouvant en opposition avec le soleil, et conséquemment pleine, se lève avec splendeur quand cet astre se couche, et semble prolonger le jour, à l'époque des moissons.

Dans les latitudes nord, les pleines lunes d'automne sont dans les Poissons et le Bélier, et les pleines lunes de printemps dans la Vierge et la Balance. C'est l'inverse dans les latitudes sud, parce que les saisons sont contraires. Mais la Vierge et la Balance se lèvent sous d'aussi petits angles avec l'horizon, dans les latitudes sud, que les Poissons et le Bélier, dans les latitudes nord; et ainsi la lune d'automne se trouve aussi régulière d'un côté de l'équateur que de l'autre.

Comme ces signes se lèvent sous les plus petits angles et se couchent sous les plus grands, les pleines lunes de printemps présentent, chaque nuit dans leur lever, la même différence que les pleines lunes d'automne dans leur coucher, et se couchent avec aussi peu de différence que les pleines lunes d'automne se lèvent, l'une étant l'inverse de l'autre.

Pour rendre le sujet plus simple, on a supposé que l'orbite de la lune coïncide avec l'écliptique; mais son orbite fait avec ce plan un angle qui varie de 5° à 5° 18', dont une moitié est d'un côté de l'éclip‑ tique et l'autre de l'autre; elle ne coïn‑ cide avec lui que dans ses deux points d'intersection, connus sous le nom de nœuds; coïncidence qui ne peut arriver moins de deux fois, mais qui a souvent lieu trois fois d'un premier changement à un deuxième. Car comme la lune avance presque d'un signe de plus que son tour d'un changement à l'autre, si elle passe par un nœud dans le temps du change‑ ment, ou un peu avant, elle passe par l'autre environ quatorze jours plus tard, et revient au premier nœud avant son prochain changement. Quand elle est au nord de l'écliptique, elle se lève plus tôt et se couche plus tard que si elle chemi‑ nait dans ce plan; quand elle est au sud de l'écliptique, elle se lève plus tard et se couche plus tôt. Cette différence est variable, même dans le même signe; parce

que les nœuds retardent chaque année
d'environ 19° dans l'écliptique, et qu'ils
tournent entièrement dans un ordre contraire à celui des signes en dix-huit années
et deux cent vingt-huit jours.

Quand le nœud ascendant est dans le
Bélier, la moitié de l'orbite de la lune
qui est au sud fait un angle de $5\frac{1}{2}°$ de
moins avec l'horizon que l'écliptique ne le
fait quand le Bélier se lève dans les latitudes nord : c'est pour cela que la lune se
lève avec une différence de temps moindre
quand elle est dans les Poissons et le Bélier que si elle marchait dans l'écliptique ;
et qu'elle ne diffère que d'une heure qua-
rante minutes en sept jours. Mais neuf ans
et cent quatorze jours après, le nœud descendant atteint le Bélier, l'orbite de la
lune fait un angle de $51\frac{1}{2}°$ plus grand avec
l'horizon quand le Bélier se lève, que l'é-
cliptique ne le fait dans ce temps ; ce qui
fait que la lune se lève avec une plus
grande différence de temps dans les Poissons et le Bélier que, si elle marchait dans
l'écliptique ; cette différence est de trois
heures et demie par semaine. Ainsi, quoi-

que nous observions chaque année le phénomène de la lune d'automne, il n'est pas
toujours également remarquable ; une période de près de neuf ans et demi atteint
alternativement son maximum et son minimum ; de 1813 à 1815 c'était le restant
de la période pendant laquelle ce phénomène de la lune variait le plus au
temps de son lever ; de 1816 à 1825 la
différence était la moindre.

Aux cercles polaires, quand le soleil est
au tropique de l'été, il reste vingt-quatre
heures sur l'horizon et vingt-quatre heures
au-dessous quand il atteint le tropique
de l'hiver. Par la même raison, la pleine
lune ne se lève pas en été ni ne se couche
en hiver, attendu qu'elle se meut dans
l'écliptique. Car la pleine lune d'hiver,
étant aussi élevée sur l'écliptique que le
soleil l'est en été, doit rester aussi long-
temps sur l'horizon ; et la pleine lune d'été
étant aussi basse dans l'écliptique que le
soleil l'est en hiver, elle ne peut y rester
plus qu'il n'y reste à cette époque. Mais
ce sont les deux seules pleines lunes qui
arrivent vers les tropiques ; pour toutes

les autres, elles se lèvent et se couchent. En été, les pleines lunes sont basses, et restent peu sur l'horizon; quand les nuits sont courtes, nous avons moins besoin de la lumière de ce corps; en hiver la pleine lune est très-élevée, et reste long-temps au-dessus de l'horizon; les nuits sont longues, nous avons plus besoin de lumière.

Aux pôles, une moitié de l'écliptique ne se lève jamais, et l'autre ne se couche pas : et comme le soleil est une demi-année à parcourir la moitié de l'écliptique, il est naturel d'imaginer qu'il est six mois au-dessus et six mois au-dessous de l'horizon d'un pôle, qu'il se lève pour l'un quand il se couche pour l'autre. Cela aurait lieu s'il n'y avait pas de réfraction; mais, l'atmosphère réfractant les rayons du soleil, cet astre devient visible quelques jours plus tôt, et reste en vue quelques jours plus tard. Cela fait qu'il paraît sur l'horizon d'un pôle avant qu'il ne soit entièrement sorti de celui de l'autre; et comme il ne va jamais plus de $23\frac{2}{1}°$ au-dessous de l'horizon des pôles, ils ont peu de nuits très-obscures ; ils ont un crépuscule, comme les autres parties de la terre, jusqu'à ce que le soleil soit à 18° sous l'horizon. La pleine lune étant toujours opposée au soleil, on ne peut la voir tant qu'il est au-dessus de l'horizon, excepté quand elle est dans la moitié nord de son orbite ; car quand un point de l'écliptique se lève, le point opposé se couche. Ainsi, comme le soleil est au-dessus de l'horizon du pôle nord, du 20 mars au 23 septembre, il est clair que la lune, quand elle est pleine, est opposée au soleil, et doit être au-dessous de l'horizon la moitié de l'année. Quand le soleil est dans la partie sud de l'écliptique, il ne se lève jamais pour le pôle nord; pendant ces six mois de l'année les pleines lunes arrivent dans quelque partie nord de l'écliptique qui ne se couche jamais. Par la même raison qui fait que les habitans des pôles ne voient pas la pleine lune en été, ils l'ont constamment en vue tant que dure l'hiver, c'est-à-dire qu'ils la voient, avant, pendant et après son plein, durant quatorze jours et quatorze nuits. Ainsi, les pôles pendant la moitié de leur hiver jouissent de la lumière de la lune, qui les dédommage de l'absence du soleil; ils ne cessent de la voir que de son troisième à son premier quartier, temps où elle donne peu de lumière et où elle leur serait peu utile.

ONZIÈME LEÇON.

De la lune horizontale.

———

Quand la lune est près de l'horizon, elle affecte une forme presque elliptique, et paraît plus grande que lorsqu'elle est au zénith ou au méridien. Ce phénomène est connu sous le nom de lune horizontale.

Le grand axe du disque elliptique de la lune horizontale est parallèle à l'horizon ; mais elle prend la forme circulaire à mesure qu'elle s'élève. L'explication de ce phénomène a beaucoup exercé les physiciens, et cependant le problème n'est pas résolu d'une manière satisfaisante. Comme la lune, quand elle est à l'horizon, est à un demi-diamètre de la terre plus loin que lorsqu'elle est au zénith, l'angle réel qu'elle soutend est d'autant moindre ; mais la différence ne va pas au delà d'une minute

16.'

d'un degré, quantité si petite que l'œil le
plus vif ne peut l'apprécier. Gassendi pensait que, comme la lune est moins brillante
à l'horizon qu'au méridien, nous ouvrons
davantage la pupille de l'œil en la regardant
dans la première situation, et que c'est
par cette raison que nous la voyons plus
grande. On a cité récemment, à l'appui de
cette opinion, des expériences qui ont
montré que la différence d'ouverture en
produisait une dans la grandeur de l'image
d'une lentille; mais des recherches plus
exactes ont démontré que cette conclusion
si opposée aux principes de l'optique est
inexacte, et que la variation dans l'ouverture de la pupille de l'œil n'en occasionait
pas dans la grandeur de l'image dessinée
sur la rétine. D'autres physiciens ont supposé que celle de la lune horizontale qui
s'y dépeint n'est pas plus grande dans cette
circonstance que dans toute autre, mais
que nous la jugeons telle en la comparant
à des objets intermédiaires qui se trouvent
dans cette situation, et lui donnent une
distance apparente plus considérable. Elle
nous semble, en conséquence, plus volu-

mineuse quoiqu'elle ne soutende que le même angle ; le peu d'éclat qu'elle jette contribue encore à cette illusion. Cette dernière circonstance n'est cependant pas essentielle au phénomène, autrement la lune nous paraîtrait aussi grande au méridien qu'à l'horizon, ou à peu près, quand elle est voilée par des nuages ; on remarque aussi que la partie inférieure d'un arc-en-ciel paraît plus large et plus brillante que la partie supérieure : la grandeur de la lune et celle de l'arc-en-ciel, dans ce cas, sont sans doute des phénomènes analogues. Il est évident que les rayons de lumière de la lune traversent une plus grande masse d'air quand elle est à l'horizon que lorsqu'elle est au zénith ; et dans les distances comprises entre les extrêmes, cette masse est en raison inverse à l'élévation. On le voit par la fig. 6, pl. IV, où AB représente un arc de la partie supérieure de l'atmosphère, et CD un arc de la surface de la terre. Quand la lune est en H, un observateur placé en E la voit à travers la couche de l'atmosphère fg E, qui est deux fois aussi épaisse que celle qui est traversée quand

16*

elle est en I, et trois fois plus que quand
elle est au zénith K. Ne pouvons-nous pas
supposer que la différence dans la réfraction, que produit celle de la longueur de
l'air traversé par les rayons lunaires, est
la cause principale de l'augmentation apparente de son disque, comme nous trouvons
qu'un objet paraît d'autant plus considérable qu'il est vu à une plus grande profondeur dans l'eau ? Quoique le pouvoir
amplifiant d'un morceau de verre mince
ne soit pas sensible, il le devient lorsque
l'épaisseur s'accroît, et se déploie conformément aux lois de l'optique. Les variations de densité qu'éprouvent des vapeurs
traversées par les rayons de la lune, rendent compte de celles de la lune horizontale, qui paraît quelquefois plus grande
dans une position que dans une autre de
même hauteur. A l'égard de la figure
qu'elle affecte alors, il faut observer que
les rayons des extrémités du diamètre horizontal frappent la surface convexe de
l'atmosphère, et arrivent à l'œil sous le
même angle, ce qui n'a pas lieu pour les
rayons qui ont la direction du diamètre

vertical ; sa figure se trouve , de cette sorte , altérée et déformée. Un verre de montre placé sur un morceau de glace mince, uni, et entouré d'eau, présente le phénomène dont il s'agit ; car, si on fait un petit cercle de papier, qu'on le tienne droit presqu'au niveau de la surface supérieure, pendant qu'on le regarde à la fois à travers la sur-face inférieure du morceau de glace et la plus petite moitié du diamètre de l'eau, il paraîtra elliptique, élargi suivant son diamètre horizontal, et rétréci suivant le vertical ; mais cette difformité diminue à mesure qu'on le regarde en approchant la direction du zénith.

Le soleil et les étoiles paraissent aussi plus grands à l'horizon ; deux étoiles voi-sines semblent plus éloignées qu'elles ne le paraissent à une plus grande hauteur. Les causes de ces apparences sont les mêmes que celles de la lune horizontale, que l'ex-plication que nous venons de donner de cette apparence soit exacte ou non.

De l'aberration de la lumière.

Les étoiles fixes et autres corps célestes

ne se voient pas à la place qu'ils occupent
réellement. Cette circonstance est indépen-
dante du pouvoir réfringent de notre
atmosphère ; elle est inévitable, que nous
les observions au zénith ou dans d'autres
situations. C'est une déviation qui provient
du mouvement progressif de la lumière et
du mouvement annuel de la terre ; car la
lumière qui rend visible une étoile, au
moment où elle s'échappe de cet astre,
n'est pas dirigée vers le spectateur, mais
à un point plus éloigné, auquel ou dans
la ligne duquel son œil est amené par le
mouvement de la terre, dans un temps
qui est exactement le même que celui que
met la lumière à venir jusqu'à nous. Ce
phénomène s'appelle, *aberration de la
lumière* ou *aberration des étoiles fixes.*

La découverte de l'aberration des étoiles
fixes est due à Bradley, qui la fit en cher-
chant à reconnaître leur parallaxe annuelle ; il l'explique de la manière qui suit.
Il suppose que CA, fig. 7, pl. IV, est un
rayon de lumière qui tombe perpendiculairement sur la ligne BD ; que si l'œil est
en A et en repos, l'objet doit paraître

dans la direction AC, que la lumière se propage ou soit instantanée. Mais si l'œil se meut de B vers A et que la lumière se propage avec une vitesse qui est à celle de l'œil comme CA à BA, elle ira de C en A pendant que l'œil ira de B en A ; chaque particule de lumière qui fait discerner l'objet en arrivant à l'organe, est en C quand l'œil est en B. Bradley joint les points BC, suppose que la ligne CB est un tube incliné à la ligne BD dans l'angle DBC et d'un diamètre tel qu'il ne peut admettre qu'une particule de lumière. Il est, d'après cela, aisé de concevoir que la particule de lumière en C, qui rend l'objet visible, quand l'œil, emporté par son mouvement, arrive en A, passe à travers le tube BC, s'il est incliné à BD dans l'angle DBC, et accompagne l'œil dans son mouvement de B en A; elle n'arriverait pas à l'œil placé derrière un tel tube, si elle avait une autre inclinaison par rapport à la ligne BD. Si au lieu de supposer que CB est un tube extrêmement petit, nous imaginons qu'il est l'axe d'un plus grand, la particule de lumière en C ne passerait,

par la même raison, à travers cet axe
qu'autant qu'il serait incliné à **BD** dans
l'angle **CBD**. De même, si l'œil marche en
sens contraire, de **D** en **A**, avec la même
vitesse, le tube doit alors être incliné dans
l'angle **BDC**.

En conséquence, quoique la position
vraie ou réelle d'un objet soit perpendiculaire à la ligne dans laquelle l'œil se
meut, il n'en est pas ainsi de sa position
visible, puisqu'elle doit être dans la direction du tube; mais la différence entre
la position vraie et la position apparente
sera plus ou moins considérable, suivant
la différence que présentera le rapport de
la vitesse de la lumière à celle de l'œil,
de manière que si nous pouvions supposer que le lumineux se propage instantané-
ment, il n'y aurait pas de différence entre
la situation apparente et la situation réelle
d'un objet. Car, dans ce cas, **AC**, étant
infini par rapport à **AB**, l'angle **ACB**,
différence entre la situation vraie et la situation visible, disparaît. Mais si la lumière est un certain temps à se propager,
il est évident, d'après ces considérations,

qu'il y aura toujours une certaine différence entre la position réelle et la position
apparente d'un objet, à moins que l'œil ne
s'éloigne ou ne s'approche directement de
celui-ci. Dans tous les cas, le sinus de la
différence de sa position réelle et de sa
position visible, sera au sinus de son inclinaison visible à la ligne dans laquelle
l'œil se meut, comme la vitesse de l'œil est
à celle de la lumière.

Bradley montre alors que si la terre
tourne annuellement autour du soleil,
que la vitesse de la lumière soit à celle du
mouvement de la terre dans son orbite,
comme 1000 à 1, une étoile placée au pôle
de l'écliptique, paraîtrait à un observateur
emporté par le mouvement de notre planète, changer continuellement de place ;
et si on néglige la petite différence qui
provient de la révolution diurne de la
terre sur son axe, on croirait qu'elle décrit un cercle autour du pôle à la distance
de 3' $\frac{1}{2}$; sa longitude varierait chaque année à tous les points de l'écliptique, mais
sa latitude resterait constamment la même.
Son ascension droite serait aussi changée,

et sa déclinaison, selon la situation diffé-
rente du soleil à l'égard des points équinoxiaux et sa distance apparente du pôle
nord de l'équateur, serait de 7' plus faible à l'équinoxe d'automne qu'elle ne l'est
à celui du printemps.

La plus grande altération qu'éprouve la
position d'une étoile au pôle de l'écliptique,
ou, ce qui est la même chose, le rapport
entre la vitesse de la lumière et le mouvement de la terre dans son orbite une fois
connu, il ne sera pas difficile, observe-t-il,
de trouver la différence entre la situation
apparente et la situation vraie d'une autre
étoile, dans un temps donné ; par la différence au contraire qu'il y a entre la position
apparente et la position vraie déterminée,
on peut trouver la différence entre la vitesse de la lumière et le mouvement de la
terre dans son orbite. Ainsi, puisque la
déclinaison apparente de l'étoile γ du Dragon, attendu que la propagation successive
de la lumière serait, au diamètre du petit
cercle qu'une étoile semblerait décrire vers
le pôle de l'écliptique, comme 39″ est à
40.4″ ; la moitié de cette quantité est l'an-

gle ACB. Ce dernier étant par conséquent 20.2″, AC sera à AB, ou la vitesse de la lumière sera à celle de l'œil (ou à la vitesse de la terre dans son mouvement annuel), comme 10,210 est à 1; d'où il suit que la lumière met à parcourir la distance du soleil à la terre 8′12″. Bradley prouve, par des observations nombreuses, que cette évaluation est très-rapprochée de la vérité.

L'aberration du soleil et des planètes est peu considérable, parce que la terre ne parcourt qu'un faible espace dans le temps que la lumière qu'elles émettent met à nous arriver. Cependant, quand les calculs doivent être rigoureux, on compte toujours que celle du soleil est d'environ 20″, ce qui est l'espace qu'a parcouru la terre, pendant le trajet de la lumière pour arriver à nous.

L'explication de Bradley sur l'aberration des étoiles fixes, a été accueillie par les astronomes, et n'a pas été contestée. Le phénomène dont elle rend compte est une forte preuve du mouvement de la terre autour du soleil, et comme sa dé-

17

couverte a valu au nom de cet astronome
une juste célébrité, l'incident qui le mit
sur la voie, mérite d'être connu : il fera
voir combien est précieuse l'habitude de
l'observation, et comment les circonstances les plus communes, lorsqu'elles sont
bien observées, peuvent conduire à l'explication des phénomènes les plus obscurs
de la physique. Lorsque Bradley eut découvert ce qu'on appelle maintenant l'a-
berration des étoiles fixes, et qu'il eut con-
tinué ces observations pendant une année
entière, il chercha, mais sans succès, la
cause de ce phénomène. Enfin, une explication satisfaisante se présente à son
esprit, au moment où il ne s'en occupe
plus. Il faisait partie d'une société qui
naviguait sur la Tamise. Le bateau qui les
portait avait un mât, au haut duquel était
une girouette. Le vent était modéré ; on
courut assez long-temps des bordées sur la
rivière. Bradley remarqua que, chaque
fois que le bateau virait de bord, la girouette changeait un peu, comme s'il y
eût eu une légère différence dans la direction du vent. Il observa ce fait trois ou

quatre fois sans en parler ; à la fin il en fit part aux mariniers, et leur exprima sa surprise de ce que le vent changeait régulièrement chaque fois qu'on virait de bord. Ceux-ci lui dirent que le vent n'avait pas changé, mais que ce changement apparent venait de celui de la direction du bateau, et ils lui donnèrent l'assurance que la même chose arrivait invariablement toutes les fois qu'il en changeait; il en fit l'application à l'aberration des étoiles, et conclut qu'elle était due aux mouvemens combinés de la lumière et de la terre.

De la nutation de l'axe de la terre.

La découverte de l'aberration des étoiles fixes était faite, il s'agissait de la vérifier. Bradley fit en conséquence des observations qu'il continua long-temps, et ses recherches ne firent que confirmer ce qu'il avait avancé à ce sujet; sa persévérance lui valut plus tard une autre découverte, non moins brillante, à laquelle on a donné le nom de nutation de l'axe de la terre. C'est un résultat et une preuve de la figure sphé-

roïdale de cette planète. La lune exerçant
une plus grande force d'attraction sur les
régions équatoriales que sur celles des pôles, détermine un mouvement de balan-
cement ou de libration de l'axe de la terre,
qui en fait varier continuellement en avant
et en arrière, quoique faiblement, l'inclinaison sur l'écliptique, de manière que ses
extrémités décrivent une ellipse dont le
grand diamètre est d'environ 19.1″ et le
petit 14.2″. Cette ellipse se décrit dans le
cycle de la lune ou dans à peu près dix-
huit ans sept mois.

Précession des équinoxes.

Quand nous examinons un globe céleste,
nous trouvons que les symboles des constellations sont à trente degrés au-delà du
lieu que nous considérons comme leur
vraie place ou des constellations elles-
mêmes. Cette irrégularité apparente est
due à 50″ qui, chaque année, s'ajoutent
entre elles. La raison en est que, tous les
ans, le soleil ne coupe pas l'équateur au
même point. Si un jour il le coupe dans

un point particulier, le même jour de l'année suivante il le coupe à un autre situé
à 50.25″ à l'ouest du premier, et arrive
ainsi à l'équinoxe 20′ 23″ avant d'avoir
complété sa révolution dans le ciel, ou
passé d'une étoile fixe à une autre. Ce
phénomène s'appelle la précession des équinoxes. Il rend l'année tropique, ou l'année
vraie des saisons, plus courte que la révolution du soleil ou l'année sidérale, parce
que c'est une déviation contraire à l'ordre
des signes. Mais les intersections de l'é-
quateur et de l'écliptique sont encore appelées le commencement du ♈, et le commencement de la ♎, quoique ces constellations (étant toujours à la même place)
soient maintenant à la distance ci-dessus
indiquée de ces intersections. La précession
des équinoxes, comme la nutation de l'axe
de la terre, sont produites par la convexité
de l'équateur ; car quand le soleil est d'un
côté de ce plan, son retour est accéléré
par l'attraction qu'il exerce sur une plus
grande quantité de matière dans cette
direction. Rétrogradant à l'ouest de 50.25″
chaque année, les équinoxes font une ré-

17*

volution entière en 25,791 ans, que la variation commence l'autre période. En conséquence, les étoiles qui, dans l'enfance de l'astronomie, étaient dans le Bélier, se trouvent maintenant dans le Taureau, celles du Taureau dans les Gémeaux, etc. Ainsi, celles qui se levaient autrefois à une saison particulière, ne correspondent plus aujourd'hui à ce temps.

L'axe de la terre ne doit pas, à raison de la précession ou du mouvement rétrograde des points équinoxiaux dans le ciel, conserver un parallélisme invariable, mais avoir un mouvement conique qui décrit un petit cercle dont le diamètre est égal à deux fois son inclinaison par rapport à l'écliptique ou à 47°. Soit N Z S V L (fig. 1, pl. V) la terre, son axe se prolonge jusqu'aux étoiles et aboutit en A, pôle nord actuel du ciel, qui est vertical à N, pôle nord de la terre. Ce mouvement peut s'expliquer à l'aide d'une figure. Soit E O Q l'équateur, T ♋ Z le tropique du Cancer, et V T ♑ celui du Capricorne; V O Z l'écliptique, et B O son axe, qui doit être considéré comme immobile, parce que

l'écliptique passe toujours sur les mêmes
étoiles. Mais comme les points équinoxiaux
rétrogradent dans ce plan, l'axe de la terre
SON est en mouvement sur le centre de
la terre O, de manière à décrire le double
cône NOn et SOs, autour de celui de l'é-
cliptique Bo, dans le temps que les points
équinoxiaux marchent autour de ce plan,
c'est-à-dire en 25,791 années ; et dans ce
long intervalle le pôle nord de l'axe de la
terre décrit le cercle ABCDA dans le ciel
étoilé, autour du pôle de l'écliptique, qui
reste immobile au centre de ce cercle.
L'axe de la terre étant incliné de 23° ½ par
rapport à celui de l'écliptique, le cercle
ABCDA décrit par le pôle nord de l'axe
de la terre prolongé en A, a presque 47°
de diamètre ou le double de l'inclinaison
de l'axe de la terre. En conséquence, le
point A, qui est à présent le pôle nord du
ciel, et près d'une étoile de seconde grandeur dans le bout de la queue de la Petite
Ourse, doit être abandonné par l'axe de
cette planète, qui rétrogradant d'un degré
en 71 ⅔ années, sera directement vers l'é-
toile ou point B dans 6447 ¾ années, et

dans le double de ce temps ou 12,895 $\frac{1}{2}$ ans, directement vers l'étoile ou point **C**, qui sera alors le pôle nord du ciel. La position actuelle de l'équateur E O Q sera alors changée en *e* O *q*; le tropique du cancer T♋ en V*t*♋; et celui du capricorne NT♑ en *t*♑R; et le soleil, dans la partie du ciel où il est maintenant sur le tropique terrestre du Capricorne et produit les jours les plus courts et les nuits les plus longues dans l'hémisphère du nord, sera alors sur le tropique terrestre du Cancer, où il détermine les jours les plus longs et les nuits les plus courtes : cet effet n'aura lieu que dans 12,895 $\frac{1}{2}$ années, à partir du point **C**, ou bien, si l'on compte du point de départ A, après 25,791 années, qui sont nécessaires pour que le pôle nord fasse une révolution complète et se trouve dans un point du ciel qui soit vertical à celui qu'il occupe actuellement. Alors, mais seulement alors, les étoiles qui sont à présent à l'équateur, aux tropiques et aux cercles polaires, y seront ramenées par le mouvement diurne de la terre.

DOUZIÈME LEÇON.

Des éclipses.

————

LES éclipses comme les comètes étaient autrefois un objet de frayeur populaire ; mais le temps de ces vaines terreurs est passé, le peuple sait aujourd'hui que ces phénomènes sont les conséquences des lois ordinaires de la nature, il en a acquis la conviction en voyant qu'on les prédit avec exactitude, comme les successions du jour et de la nuit.

Des éclipses de lune.

Comme la terre est ronde ainsi que les autres corps célestes, le soleil ne peut en éclairer à la fois qu'une moitié, qui produit une ombre dans l'espace, à raison de la lumière qu'elle intercepte par son opacité. Si le soleil et la terre étaient de même grandeur apparente, l'ombre serait presque cylindrique et d'une étendue infinie; mais comme la terre est beaucoup plus petite que cet astre, l'ombre est proportionnelle-ment conique, et quoique suffisamment longue pour atteindre et envelopper la lune, elle ne l'est pas assez pour arriver jusqu'à Mars. Dans la planche V, fig. 2, S est le soleil, E la terre et M la lune. L'ombre conique se termine en f, justement où les rayons des bords supérieur et inférieur du soleil se rencontrent après avoir passé le contour de la terre. Sur les côtés de cette ombre conique, sont des ombres divergentes $a\,b\,c\,d$, dont la densité décroît à mesure qu'elles s'éloignent des côtés de la première ombre conique; c'est ce qu'on appelle la pénombre.

Quand la lune traverse complétement l'ombre de la terre, l'éclipse est totale, et partielle quand elle ne la traverse qu'en partie.

La quantité de la lune qui est éclipsée, s'exprime en douze parties, appelées doigts; c'est-à-dire que le disque est supposé divisé

en douze lignes parallèles ; quand il y en a
la moitié d'éclipsée, on dit que l'éclipse est
de six doigts, et ainsi de suite.

Lorsque le diamètre de l'ombre que traverse la lune est plus grand que celui de
cette planète, on dit que la quantité de
l'éclipse est de plus de 12 doigts ; ainsi, si
le diamètre de la lune est à celui de l'ombre
comme 4 est à 5, on dit que l'éclipse est
de 15 doigts.

Les phénomènes généraux des éclipses
lunaires sont classés de la manière suivante :
1°. toutes les éclipses de lune complètes
ou visibles dans toutes les parties de la
terre, qui ont la lune au-dessus de l'horizon, sont partout de la même grandeur,
ont le même commencement et la même
fin. 2°. Dans toutes les éclipses lunaires le
côté oriental est celui qui s'immerge et
s'émerge le premier ; c'est le côté gauche
de la lune quand nous la regardons du
nord ; par le mouvement propre de ce
corps, qui est plus rapide que celui de
l'ombre de la terre, la lune approche de
l'ouest, l'atteint et la passe, son côté
oriental le premier, laissant l'ombre der-

rière ou du côté de l'ouest. 3°. Les éclipses totales et les plus longues arrivent dans les nœuds de l'écliptique, parce que la section de l'ombre de la terre qui tombe sur la lune est beaucoup plus grande que son disque ; l'éclipse est alors de plus de 12 doigts. Il peut cependant y avoir des éclipses totales à une petite distance des nœuds ; mais leur durée est moindre, à mesure qu'elles en sont plus éloignées, jusqu'à ce qu'elles deviennent partielles et qu'enfin la lune échappe à l'ombre. 4°. La lune, même dans le milieu d'une éclipse totale, n'est pas invisible quand le temps est clair ; elle ressemble à du cuivre terne, apparence qu'on attribue aux rayons réfractés par l'atmosphère de la terre dans l'ombre, qui conséquemment diminue d'intensité. 5°. La lune devient sensiblement plus pâle et plus obscure avant d'entrer dans l'ombre réelle, ce qui provient de la pénombre.

Si la lune avait son orbite dans la même place que l'écliptique, ou plan de l'orbite de la terre, elle passerait par le milieu de l'ombre de celle-ci ; elle éprouverait alors une éclipse totale à chaque pleine lune et serait complétement obscurcie pendant une heure et demie; mais la moitié de son orbite est élevée de 5° au-dessus de l'écliptique et l'autre moitié passe beaucoup au-dessous; l'orbite de la lune ne coupe en conséquence l'écliptique que dans les deux points qu'on appelle nœuds. Quand l'une des deux est en ligne droite avec le centre du soleil, à la nouvelle ou à la pleine lune, le soleil, la lune et la terre sont sur la même ligne; et si la lune est pleine alors, elle tombe dans l'ombre de la terre. Quand elle est à plus de 12° des nœuds, au temps de son plein, elle est généralement trop haute ou trop basse dans son orbite pour passer dans une partie de l'ombre de la terre, et il n'y a pas d'éclipse; mais quand elle est éloignée de moins de 12° d'un nœud, au temps de son opposition ou de son plein, elle passe à travers une portion de cette ombre plus ou moins grande, suivant qu'elle est plus ou moins dans ces limites. Son orbite contient 360°, dont 12°, limite des éclipses lunaires sur les côtés des nœuds, ne sont qu'une petite portion, et

18

comme le soleil ne passe ordinairement les nœuds que deux fois chaque année, il n'est pas extraordinaire que les éclipses soient si peu nombreuses.

Les éclipses de lune, comme on l'a observé, sont visibles de toutes les parties de la terre où la lune est sur l'horizon, et partout où on les observe, elles sont d'égale étendue; mais le temps dans lequel on les voit varie suivant la longitude, de la même manière que les observations des satellites de Jupiter, dont nous avons parlé, et peuvent servir à déterminer la longitude des différens lieux de la terre. Les éclipses varient en durée, mais n'excèdent jamais deux heures.

Des éclipses de soleil.

La lumière qui nous vient du soleil ne peut être interceptée que par la lune, quand elle est en conjonction avec cet astre; ainsi une éclipse de soleil ou l'arrivée de la terre dans l'ombre de la lune ne peut avoir lieu qu'à la nouvelle. La lune étant un corps semblable à la terre, son ombre

et sa pénombre sont les mêmes. La fig. 3,
pl. 5, le démontre; mais comme la lune
est moins grande que la terre, elle ne peut
pas, quoiqu'elle soit plus rapprochée de
l'astre, intercepter la totalité de la lumière
qu'il verse sur la terre; ainsi, à la distance
de 386,244 mètres, elle projette une ombre conique qui ne produit à la fois une
éclipse totale que dans une petite portion
de la terre; la pénombre est même loin
d'être assez large pour couvrir entièrement
le disque terrestre.

La quantité d'une éclipse solaire s'estime
en doigts comme l'éclipse lunaire.

Les circonstances générales des éclipses
de soleil sont les suivantes : 1°. Aucune
n'est universelle, c'est-à-dire n'embrasse
la totalité de l'hémisphère qu'éclaire le
soleil. L'ombre de la lune ne couvre communément qu'une partie de la surface de
la terre, qui équivaut à 289,683 mètres
de large, comme l'indique la fig. 3, quand
la distance du soleil est à son maximum et
celle de la lune à son minimum; mais son
ombre partielle ou pénombre peut couvrir
un espace circulaire de 7,885,815 mètres

de diamètre, dans laquelle le soleil est plus ou moins éclipsé, suivant que les lieux sont plus ou moins au centre de la pénombre. Dans ce cas, l'axe de l'ombre passe à travers le centre de la terre où la nouvelle lune arrive exactement dans le nœud, et il est évident alors que la section de l'ombre est circulaire; mais dans tout autre cas, l'ombre conique est coupée obliquement par la surface de la terre, et la section devient elliptique. 2°. Une éclipse de soleil ne paraît pas la même, dans toutes les parties de la terre où elle est vue, et si elle est totale dans un lieu, elle n'est que partielle dans un autre. Aussi quand la lune paraît beaucoup moindre que le soleil, comme cela a communément lieu, quand elle est dans l'apogée et au périgée, son ombre est trop courte pour atteindre la terre, et quoiqu'en conjonction centrale avec le soleil, elle n'est pas assez grande pour le couvrir de son disque; la portion du soleil qu'on voit encore ressemble à un anneau ou bracelet lumineux; aussi l'appelle-t-on éclipse annulaire. 3°. L'éclipse solaire n'arrive pas en même temps dans tous les lieux où on peut la voir ; elle se montre d'abord dans les parties de l'ouest, gagne peu à peu celles de l'est, parce que le mouvement de la lune, et conséquemment son ombre, va de l'ouest à l'est. 4°. Dans la plupart des éclipses solaires, le disque de la lune est couvert d'une lumière légère, qu'on attribue à la réflexion de celle qui éclaire la partie illuminée de la terre. 5°. Dans les éclipses totales de soleil, on voit le limbe de la lune environné d'un cercle de lumière pâle, que les astronomes considèrent comme l'indice d'une atmosphère solaire, attendu qu'on a observé qu'il suit le soleil et ne se meut pas avec la lune.

Les éclipses solaires n'arrivent pas à chaque nouvelle lune, par la même raison que les éclipses lunaires n'ont pas lieu à chaque pleine lune, c'est-à-dire parce que l'orbite de la lune ne coïncide avec l'écliptique que dans les deux nœuds ; mais les éclipses solaires peuvent arriver à 17° des nœuds, ce qui est 5° de plus que l'arc qui comprend les éclipses lunaires.

Le diamètre apparent de la lune, quand

18*

il est à son maximum, n'excède le petit diamètre du soleil que de 1′ 38″, et dans la plus grande éclipse de soleil qui puisse arriver dans un temps et dans un lieu donnés, l'obscurité totale ne peut durer plus de temps que la lune n'en met à parcourir 1′ 38″ de degré dans son orbite, ou environ 3′ 13″ du temps.

Quand la pénombre (*ab*, fig. 3) touche la terre, l'éclipse générale commence, et finit quand elle la quitte. Le soleil est, du commencement à la fin, éclipsé pour quelques parties de la terre. Dès que la pénombre touche un lieu, l'éclipse y commence, et elle finit quand elle le quitte. Quand la lune change dans le nœud, la pénombre vient sur le centre du disque de la terre, telle qu'on la voit de la lune, et conséquemment en décrivant la plus grande ligne possible sur la terre, et y reste le plus long-temps possible, c'est-à-dire, terme moyen, 5 heures 50 minutes; elle y est plus long-temps, si la lune est à son maximum de distance par rapport à nous, parce qu'elle se meut plus lentement, et moins long-temps si elle est à son minimum de distance, parce qu'elle marche plus vite.

Le phénomène général des éclipses deviendra peut-être plus facile à entendre à l'aide de la fig. 4, pl. V. Soit S le soleil. E la terre, M la lune, et AMP l'orbite de celle-ci. Tirez la ligne W*e* du côté ouest du soleil en W, tangente au côté ouest de la lune en *c* et à la terre en *e*; menez aussi la ligne droite V*d*, du côté est du soleil en V, tangente au côté est de la lune en *d* et à la terre en *e*; l'espace obscur *ced* compris entre ces lignes, est l'ombre de la lune finissant au point *e*, où elle touche la terre, parce que dans ce cas la lune est supposée changer en M dans le milieu, entre A apogée ou le point le plus éloigné de l'orbite de la terre, et P périgée ou point le plus rapproché. Mais comme un seul point de l'orbite de la lune peut être dirigé au soleil, si le point P eût été en M, le cours de l'astre aurait été plus rapproché de la terre; son ombre en *e* aurait couvert un espace d'environ 289,683 mètres de large, et le soleil aurait été totalement obscurci pendant un certain temps;

si le point A eût été en M, la lune eût,
au contraire, été plus éloignée de la terre,
et son ombre se serait terminée en un
point un peu au-dessus de *e*, et le soleil
eût ainsi paru comme un anneau lumineux
autour de la lune. Tirez les lignes WX*dh*
et VX *cg*, tangentes aux côtés opposés du
soleil et de la lune, et finissant sur la
terre en *a* et *b*; menez aussi la ligne droite
SXM du centre du disque du soleil, à travers le centre de la lune, à la terre; et
supposez que les deux premières lignes
WX *dh* et VX *cg*, tournent sur la ligne
SXM comme sur un axe, les points *a* et *b*
décriront TT sur la surface de la terre,
comprise dans le grand espace *ab*, limites
de la pénombre dans laquelle le soleil paraîtra plus ou moins éclipsé, suivant que
les lieux seront plus ou moins distans de
son centre.

Tirez la droite *y* 12 à travers le disque
du soleil, perpendiculairement à SXM,
axe de la pénombre; divisez cette ligne
y 12 en 12 parties égales, comme dans la
figure, pour les douze doigts ou parties
égales du diamètre du soleil, et tracez, à

égale distance du centre de la pénombre *e*,
sur la surface de la terre YY à son bord *ab*,
douze cercles concentriques, marqués des
nombres compris de 1 à 12, et se rappelant
que le mouvement de la lune dans son
orbite AMP est de l'ouest à l'est, comme de
M à P; alors, pour un observateur placé
sur la terre en *b*, le limbe est de la lune *d*
semble toucher le limbe ouest du soleil
en W, quand l'astre est en M et l'éclipse
du soleil commence en *b*; mais au même
moment du temps absolu où le bord ouest
de la lune en *c* quitte le côté est du soleil
en V, pour un observateur placé en *a*, la
lune M masque ou obscurcit une douzième
partie du soleil S, et l'éclipse d'un doigt
pour tous ceux qui vivent sur le cercle de
la terre marqué 1; elle masque deux doigts
à ceux qui habitent sur le deuxième cercle;
trois à ceux du troisième, et ainsi de suite
jusqu'au centre en 12, où le soleil est centralement éclipsé. Il est évident, d'après
la figure, que le soleil n'est totalement ou
centralement éclipsé à la fois que pour une
petite portion de la terre, parce que
l'ombre conique *e* de la lune M ne tombe

que sur une petite partie de la terre,
même quand elle couvre le plus grand
espace possible, et que la partie éclipsée
est renfermée dans l'espace circonscrit par
le cercle *ab*, dont on ne peut voir qu'une
moitié dans la figure, l'autre étant supposée cachée par la convexité de la terre E ;
ainsi aucune partie n'est éclipsée au delà
de l'espace YY de la terre, parce que la
lune n'est pas entre le soleil et cette partie de notre planète, l'éclipse est ainsi invisible dans toute cette partie. La terre
tourne du côté est sur son axe, comme de
g en *h*, trajet que parcourt aussi l'ombre
de la lune ; mais le mouvement de ce
corps dans son orbite est beaucoup moins
rapide que celui de la terre sur son axe ;
ainsi, quoique les éclipses de soleil soient
à raison du mouvement de celle-ci sur
son axe, de plus longue durée qu'elles ne
le seraient sans ce mouvement, cependant,
en quatre minutes de temps de plus, le
mouvement de la lune porterait son ombre
entièrement sur le lieu que son centre touche au temps de la plus grande obscurité.
Le mouvement de l'ombre sur le disque

de la terre est égal au mouvement de la lune, du soleil, qui est, terme moyen, d'environ 30 $\frac{1}{2}''$ de degré par heure; mais une semblable quantité de l'orbite de la lune est égale à 30 $\frac{1}{2}$ degrés d'un grand cercle sur la terre, et ainsi l'ombre de la planète parcourt par heure 30 $\frac{1}{2}$ degrés ou 1830 milles géographiques sur la terre, ou 49,075 mètres par minute, c'est-à-dire qu'elle a un mouvement quatre fois aussi rapide que celui d'un boulet de canon.

TREIZIÈME LEÇON.

Du calendrier.

De la semaine.

Les divisions ainsi appelées ont varié avec les époques et les nations. Les premiers Grecs divisaient leurs mois en trois portions de dix jours chaque. Les Chinois du nord ont une semaine de quinze jours, et les Mexicains une de treize. La division la plus générale est celle des Juifs, qui partageaient leurs mois en périodes de sept jours, périodes qu'adoptèrent les Chaldéens et la plupart des Orientaux. Elle est aujourd'hui en usage dans toute la chrétienté. En France, elle fut abandonnée pour la décade pendant la révolution; mais on ne tarda pas à y revenir. Les mahométans emploient également la semaine de sept jours.

De la lune.

Il est très-probable que le mois est dû aux changemens périodiques de la lune; mais la difficulté d'ajuster le mois lunaire à la révolution annuelle de la terre a donné lieu à d'autres divisions, comprises sous le même nom.

Les mois sont maintenant *astronomiques* et *civils*.

Les *mois astronomiques*, qui ont rapport à la chronologie, se mesurent par les révolutions de la lune, et sont *périodiques* ou *synodiques*.

Le *mois lunaire périodique*, ou le temps exact que met la lune à traverser le zodiaque, c'est-à-dire pour revenir au point de son orbite d'où elle est partie, se compose de 27 jours 7 heures 43 minutes 5 secondes.

Le *mois lunaire synodique*, autrement la lunaison, se compte à partir d'une conjonction du soleil avec la lune jusqu'à une autre conjonction. C'est une période variable, attendu qu'elle est soumise à la

19

variation que le soleil éprouve à l'est sur l'écliptique. Une lunaison se compose, terme moyen, de 29 jours 44 minutes 3 secondes. C'était le mois généralement usité chez les anciens.

Le *mois solaire* est le temps pendant lequel le soleil traverse un des signes du zodiaque; sa longueur varie comme le mouvement de cet astre. Il comprend, terme moyen, 30 jours 10 heures 29 minutes 5 secondes.

Un mois *civil* ou *politique* n'est qu'une portion de temps, déterminée par la coutume des nations. On en compte douze par an, dans presque toute l'Europe.

Les *mois civils lunaires* se composent de 29 et 30 jours alternativement. Ainsi deux de ces mois font à peu près deux mois astronomiques. C'est de ce mois qu'on se servit jusqu'à Jules César.

Le mois civil solaire qu'on doit à ce grand homme est celui qu'on emploie aujourd'hui. Il se composait d'abord alternativement de 30 et de 31 jours, si ce n'est qu'il avait 30 jours tous les quatre ans, et n'en prenait que 29 les trois autres. Cet arrangement fut modifié par Auguste, dont on donna le nom au mois qui avant lui s'appelait *sextilis* ; et pour le rendre égal au reste, on porta de 30 à 31 le nombre des jours qu'il contient. On en retira un de février, qui depuis cette époque n'en a plus que 28, si ce n'est tous les quatre ans qu'il reçoit le jour intercalaire. Les mois civils ainsi déterminés, sous le règne d'Auguste, sont aujourd'hui communs à toute l'Europe. Ils forment ce qu'on appelle ordinairement les mois du calendrier.

De l'année.

Comme les petites divisions du temps, comprises sous le même nom, diffèrent entre elles, suivant le mouvement qui sert à les mesurer, il s'ensuit nécessairement que les grandes sont susceptibles de variations, suivant la valeur de leurs parties intégrantes.

L'*année solaire* ou *tropique* est le temps que met le soleil à parcourir les douze signes du zodiaque ou à revenir à l'équi-

19.'

noxe dont il est parti. Il constitue une division naturelle, attendu que les saisons tombent toujours dans les mêmes mois. Sa longueur est de 365 jours 48 minutes 19 secondes.

Les astronomes divisent l'année tropique en quatre parties, déterminées par les deux équinoxes et les deux solstices. L'intervalle qui s'écoule entre les équinoxes de printemps et d'automne est, à cause de l'excentricité de l'orbite de la terre et de la vitesse inégale qu'elle y éprouve, d'environ huit jours plus long que celui qui sépare les équinoxes d'automne et du printemps. Voici ce qu'ils sont à peu près aujourd'hui :

	j.	h.	m.	j.	h.	m.
De l'équinoxe de printemps au solstice d'été. . .	92	21	45			
Du solstice d'été à l'équinoxe d'automne.	93	13	35	186	17	20
De l'équinoxe d'automne au solstice d'hiver.	89	16	45			
Du solstice d'hiver à l'équinoxe de printemps. . .	89	1	42	178	20	29
				7	16	51

L'année julienne, ainsi nommée de Jules

César qui l'établit, se compose de 365 jours 6 heures. Mais les six heures sont négligées jusqu'après quatre ans expirés que, formant un jour, elles sont ajoutées à la fin de février, et l'année où elles se trouvent ainsi intercalées s'appelle *bissextile*. L'année julienne excède la véritable année solaire de plus de onze minutes, ce qui forme un jour en 131 ans; d'où il suit que l'équinoxe du printemps, qui tombait, la première année julienne, au 25 mars, était, en l'an de grâce 325, époque du concile de Nicée, revenu au 21, et au 11 en 1582. Pour empêcher cette erreur de s'étendre, le pape Grégoire XIII fit faire une correction au calendrier, dont on retira dix jours entiers. Le jour qui suivait le 4 octobre 1582 fut, en conséquence, le 15 au lieu d'être le 5. Par ce moyen, l'équinoxe réel fut rétabli au 21 mars. On fit en même temps une autre modification, afin de prévenir le retour d'une erreur aussi importante. Le jour intercalaire ou bissextile, qui avait été régulièrement ajouté à février tous les quatre ans, fut supprimé à la fin de chacun des siècles

19*

qui ne peuvent se diviser par 4. La der-
nière année des XVIIe., XVIIIe., XIXe.
siècles ne sont pas des années bissextiles
attendu que 4 ne divise pas exactement
ces nombres ; mais celle qui termine le XXe.
est une année bissextile. Ce calendrier s'approche tellement de la vérité qu'il ne fait
pas erreur d'un jour en 3000 ans. On l'appelle *Grégorien* ou *nouveau style* ; c'est
celui dont on se sert dans presque toute
la chrétienté. L'usage ne s'en introduisit
en Angleterre qu'en 1752, qu'il fut adopté
par acte du parlement, et le 3 septembre
fut reporté au 14, attendu que le calendrier julien présentait, à cette époque,
une erreur de onze jours.

L'année lunaire astronomique ou civile
est l'espace de douze mois lunaires.

L'année lunaire astronomique se compose de douze mois lunaires synodiques,
et comprend par conséquent 354 jours 8
heures 48 minutes 38 secondes, attendu
qu'elle est de 10 jours 21 heures 11 secondes plus courte que l'année solaire.

L'année lunaire civile est ou commune
ou embolimique. La première se compose

de douze mois lunaires civils, et renferme 354 jours. La seconde comprend treize des mêmes mois, et 384 jours.

L'année des premiers Romains ne contenait que dix mois, formant en tout 304 jours.

L'année égyptienne, appelée aussi année de Nabonassar, ne contenait que 365 jours, divisés en douze mois égaux, à la fin desquels on ajoutait cinq jours intercalaires. L'année égyptienne perdait tous les quatre ans, de cette manière, un jour total de l'année julienne, avec laquelle elle commençait après un espace de 1460 ans, espace qui porte le mon de *période lothique*.

L'année des anciens Grecs se composait de douze mois qui furent d'abord de 30 jours; mais par la suite chacun en renferma alternativement 29 et 30. Cette année commençait à la nouvelle lune et recevait un mois embolimique de 30 jours tous les 3, 5, 8, 11, 14, 16 et 19 ans, afin que les nouvelles et pleines lunes pussent se retrouver dans les mêmes saisons.

La longueur de l'année, ainsi que l'époque de son commencement, ont varié chez les diverses nations. Les Chaldéens et les Égyptiens commençaient la leur à l'équinoxe d'automne. Les Juifs dataient leur année civile de la même époque, mais commençaient au printemps leur année ecclésiastique. Certains états de la Grèce la commençaient à l'équinoxe d'été, d'autres à celui d'automne, et quelques-uns au solstice d'été. L'année romaine commençait en mars à une certaine époque, mais par la suite on la reporta en janvier. Le jour de l'an de l'église de Rome est fixé au dimanche qui précède la pleine lune de l'équinoxe du printemps. En Angleterre l'année commença en mars jusqu'en 1752, que le style fut altéré, et qu'on en fixa le commencement au premier janvier. La période qui s'écoulait entre le 1er. de ce mois et le 25 mars s'exprimait ainsi quelque temps après cette modification : 1735, 6, ou 173$\frac{5}{6}$; manière d'écrire inusitée aujourd'hui.

Des cycles ou indictions lunaires et solaires.

Un cycle n'est qu'une circulation perpé-

tuelle d'un espace de temps fixe et déterminé.

. Le *cycle du soleil* se compose de 28 ans,
à la fin desquels la date des mois retombe
-aux mêmes jours de la semaine, et le soleil
se retrouve dans le même signe et le même
degré de l'écliptique qu'il était à son commencement. C'est au moins ce qui arrive
dans un degré pour cent ans. Les années
bissextiles recommencent aussi, à l'expiration du cycle solaire, la même course à
l'égard des jours de la semaine, sur lesquels tombent ceux des mois.

Le *cycle de la lune*, dont l'année s'appelle *nombre d'or*, est une période de dix-
neuf ans à la fin desquels la lune et le
soleil retournent à la même position qu'ils
occupaient dans les cieux, ou à très-peu
de chose près; attendu que les conjonc-
tions, les oppositions, etc., de ces corps,
se retrouvent, à une heure et demie près,
les mêmes qu'elles étaient au commencement de la période, les mêmes jours des
mois.

Le *cycle d'indiction*, ou indiction romaine, n'a rapport à aucune période natu-

relle. Il se composait de 15 ans, et n'était usité que chez les Romains, qui l'employaient à des usages civils qu'on ne peut aujourd'hui déterminer complétement.

La naissance de Jésus-Christ date, suivant le style ordinaire, de la neuvième année du cycle solaire. L'an premier du cycle lunaire, 312 ans après, fut la première année de l'indiction romaine. Il est facile de trouver, avec ces données, l'année d'un cycle ou indiction quelconque.

Des époques et des ères.

Tout événement, ou période remarquable d'où l'on part, est une époque. Les années d'une époque ou d'un événement semblable, forment une ère, quel qu'en soit le nombre.

L'époque la plus reculée et la plus mémorable est celle de la création du monde, mais l'ère qui s'y rapporte ne dure que jusqu'à Jésus-Christ. Elle s'ouvrit 4004 ans avant sa naissance. Le déluge forma l'époque suivante qui, comme la première, fut employée par les Juifs.

L'époque adoptée dans toute la chrétienté est celle de la naissance de Jésus-Christ, que, dans le calcul ordinaire, on suppose reculée de quatre ans. La raison de cette incertitude vient de ce que l'ère chrétienne ne fut employée que six siècles après Jésus-Christ, et qu'il était trop tard alors pour fixer son commencement avec exactitude. Mais comme toutes les nations qui en font usage commencent en même temps, et que l'année 1825 par exemple est la même pour toutes, cette erreur n'entraîne aucune confusion.

Les Grecs comptaient par *olympiades* ou périodes de quatre ans. La première commença 775 ans avant Jésus-Christ.

Les Romains dataient de la fondation de Rome. L'époque de cet événement n'est cependant pas bien déterminée vu le manque d'actes authentiques sur ces premiers temps. Suivant eux, elle aurait été bâtie en 753 avant Jésus-Christ.

L'hégire, ou ère mahométane, date du voyage de Mahomet à Médine, 622 ans après l'ère chrétienne.

Joseph Scaliger adopta une méthode

très-ingénieuse pour trouver un terme commun de comparaison pour les dates et les ères. En multipliant l'un par l'autre, le cycle du soleil, qui est de 28 ans, celui de la lune de 19, et celui d'indiction de 15, il obtenait le nombre 7980, qui s'appelle une *période Julienne*. Cette période est supposée commencer 706 ans avant la création, et jusqu'à son expiration, c'est-à-dire jusqu'à l'âge du monde 7274, les premières années de chacun de ces cycles ne coïncident pas. Il est facile de trouver l'année de la période julienne qui correspond à une année donnée avant ou depuis le commencement de l'ère chrétienne. Si l'année qu'on veut connaître est comprise dans l'ère chrétienne, on y ajoute 4713, nombre de celles qui s'étaient écoulées auparavant, et la somme donne le résultat cherché. Si elle la précède, on soustrait de 4713, les années antérieures à Jésus-Christ, et la différence indique le résultat.

USAGES

DE LA SPHÈRE.

On appelle sphère ou globe, un instrument qui sert à représenter le ciel ou la terre : un globe est *céleste* ou *terrestre*.

Le globe céleste marque les constellations et les mouvemens planétaires, l'écliptique, l'équateur, les cercles de latitude, les cercles de déclinaison, le méridien et l'horizon.

Le globe terrestre représente la terre, ses continens, ses villes, ses mers et toutes ses contrées.

En considérant l'un et l'autre globe, on y reconnaît premièrement la représentation de l'axe et des pôles. Le cercle mobile qui tient à l'axe peut s'appliquer sur tel point donné du globe qu'on voudra choisir, par le mouvement de ce cercle sur le globe ou par le mouvement du globe sous ce cercle qui est gradué, et dont la graduation sert, à l'égard du globe terrestre, à faire connaître les latitudes des différens lieux de la terre; et à l'égard du globe céleste, à faire connaître

les déclinaisons des différentes étoiles. Ce cercle s'appelle le *méridien général* du globe artificiel.

Les demi-circonférences que l'on voit tracées
sur le globe terrestre depuis un pôle jusqu'à
l'autre, représentent autant de méridiens géographiques. Selon l'usage des astronomes, le
nom de méridien s'applique au cercle entier que
forment ensemble le méridien et l'anti-méridien.
Ainsi, ce n'est pas seulement la circonférence,
c'est le plein du cercle qu'ils appellent *méridien*,
et encore donnent-ils ce nom au plein indéfini
qui renferme celui du cercle.

Le support du globe artificiel est composé d'un
pied et de quatre branches circulaires, dont chacune est un quart de cercle. Ces quatre branches
supportent un cercle dont le diamètre est égal à
l'axe du globe.

Il ne peut entrer qu'une moitié du globe dans
l'espace que renferme ce cercle et les quatre
branches circulaires sur lesquelles il est posé.
Ce cercle représente l'horizon rationnel du milieu
de l'hémisphère qui est dans l'espace ; ce cercle
a deux entaillures dans lesquelles on peut faire
mouvoir le méridien général, de manière que
les deux pôles soient dans le cercle en question,
ou que l'un soit au-dessus et l'autre au-dessous.
On peut aussi faire tourner le globe à volonté
sous le méridien général : il sera donc possible,
au moyen de ces deux mouvemens, de faire re-

presenter l'horizon rationel de quelque lieu que
ce soit, par le cercle dont il s'agit. C'est pour
cela qu'on appelle ce cercle, *l'horizon général du
globe.* Il représentera pour toutes les époques de
l'année, l'horizon solaire, c'est-à-dire, l'horizon
rationnel du lieu terrestre du soleil.

La circonférence intérieure de l'horizon général est graduée, et chaque dixaine de degrés
y est marquée par des nombres dont la suite
commence de chaque côté, à l'endroit où l'équateur et l'horizon général se coupent ; elle se termine de chaque côté à l'endroit où le méridien
général et l'horizon général se coupent pareillement.

Sur la largeur comprise entre la circonférence
intérieure et la circonférence extérieure de l'horizon général, sont marqués les douze signes du
zodiaque. C'est à la première intersection de l'é-
quateur et de l'horizon général que commence
l'ordre de ces signes ; cette première intersection
marque le commencement du signe du bélier.
On voit au commencement et à la fin de chaque
signe le nombre 30, parce que chaque signe contient 30° de l'écliptique.

La circonférence graduée sur laquelle les degrés sont ainsi marqués de 30 en 30, représente l'écliptique. Une autre circonférence conti-
guë à celle-ci, représentant de même l'écliptique,
est aussi divisée, mais non de la même manière.
Le soleil paraît avancer chaque jour sur l'éclip-

tique d'un 365ᵉ. de la circonférence de ce cercle ;
la division de l'écliptique marquée sur cette seconde circonférence est relative au progrès jour-
nalier du soleil, les petites parties de cette division sont au nombre de 365, chacune correspond
à un des jours de l'année. Une quatrième division de l'écliptique, marquée sur l'horizon général, est relative aux douze mois de l'année ; c'est
le 21 mars et le 21 septembre que le lieu terrestre du soleil est un point de la ligne équinoxiale.
A l'instant de son lever et de son coucher, le
soleil se trouve sur l'une des deux intersections
de l'équateur et de l'horizon. Dans les douze divisions, cherchez celle qui répond aux deux signes
des poissons et du bélier ; elle est marquée *mars;*
à la suite est une autre division marquée *avril;*
celle qui suit est marquée *mai*, etc. La première
intercepte 31 petites divisions de la seconde circonférence représentant l'écliptique, parce que
le mois de mars a 31 jours. Les divisions marquées *mai, juillet, août, octobre, décembre* interceptent le même nombre ; la division marquée
février, n'en intercepte que 28, toutes les autres
divisions en interceptent chacune 30. La bande
la plus éloignée du centre, présente la même
division que la rose des vents.

Le petit cercle attaché au méridien général
et qui entoure le pôle arctique, s'appelle *cercle*
horaire : d'un côté du méridien, on y voit marquées les douze heures du soir : de l'autre côté

du méridien, les douze heures depuis minuit jusqu'à midi, qui sont les heures du matin.

Nous ne nous occuperons ici que de quelques usages relatifs au globe céleste. Les personnes qui voudraient avoir un plus grand nombre de problèmes de ce genre, pourront consulter l'ouvrage de Bion et celui de M. Delamarche.

Premier usage.

Disposer la sphère ou le globe suivant la hauteur du pôle d'un lieu proposé, par exemple, de Paris, qui est à 48° 50' 14", (*environ* 49°.)

Élevez le méridien, jusqu'à ce que sur le méridien même, vous puissiez compter 49° depuis le pôle arctique jusqu'à l'horizon du côté du nord; le pôle alors sera à la hauteur de 49° selon la latitude de Paris; l'axe de la sphère coïncidera avec l'axe du monde, et l'élévation de l'équateur, qui est toujours le complément de celle du pôle, sera de 41°.

Deuxième usage.

Trouver l'heure du lever et du coucher du soleil et la longueur du jour et de la nuit pour un jour indiqué.

Mettez le jour indiqué sous le méridien général, alors le degré de l'écliptique coupé par ce méridien, sera le lieu du soleil, dans l'éclipti-

20*

que, pour ce jour-là : faites parvenir ce point d'intersection à l'horizon oriental, et vous aurez l'heure du lever. Reportez ce même point d'intersection sur le bord de l'horizon occidental, et vous aurez l'heure du coucher : puis, retranchant du midi l'heure du lever, ce qui reste est l'intervalle du lever au passage au méridien qui, ajouté à l'heure du coucher, donnera la longueur du jour ou le temps que le soleil aura resté sur l'horizon, et si vous retranchez des 24 heures la longueur du jour, vous aurez celle de la nuit.

Troisième usage.

Représenter l'état du ciel pour un instant donné, par rapport à un lieu donné de la terre.

Élevez le pôle selon la latitude du lieu, et supposez que le jour et l'instant donnés soient le premier juin et dix heures du soir. Amenez sous le méridien le degré de l'écliptique dans lequel le soleil se trouve le premier juin. Vous mettrez l'aiguille sur midi et vous ferez ensuite tourner le globe vers l'occident jusqu'à ce que l'aiguille se place sur dix heures. Alors vous aurez sous les yeux l'image de l'hémisphère céleste qui se trouve pour cet instant au-dessus de l'horizon, ainsi que celle de l'hémisphère qui se trouve au-dessous.

Quatrième usage.

Trouver l'heure du commencement et de la fin du crépuscule, avec le temps qu'il dure.

Le crépuscule est ce jour imparfait que l'on a quelque temps avant le lever et après le coucher du soleil : le crépuscule du matin prend aussi le nom *d'aurore.*

Le crépuscule commence à paraître quand le soleil est du côté de l'orient, et au-dessous de l'horizon, à la distance de 18° : de même il disparaît vers l'occident quand le soleil est descendu à 18° au-dessous de l'horizon. Le crépuscule du matin va en augmentant jusqu'au lever du soleil. Celui du soir va toujours en diminuant jusqu'à la nuit close, ce qui arrive à l'instant où le soleil parvient à 18° d'abaissement au-dessous de l'horizon.

Supposons le soleil au premier degré du belier ou de la balance, le pôle étant élevé à la hauteur, conduisez le premier degré de la balance sous le méridien et le style sur midi; tournez le globe et le vertical qui doit être fixé au zénith, l'un et l'autre ensemble vers l'orient, jusqu'à ce que le premier degré de la balance et le dix-huitième degré de hauteur du vertical se correspondent; dans cette position le style marquera 4 heures 8 minutes pour l'aurore; ces 4 heures 8 minutes étant soustraites de 6

heures, point du lever du soleil, il reste 1
heure 52 minutes pour la durée du crépuscule,
tant du matin que du soir; si à l'heure du coucher, qui est aussi à 6 heures, au temps des
équinoxes, vous ajoutez 1 heure 52 minutes,
durée du crépuscule, vous aurez 7 heures 52 minutes pour la fin du crépuscule du soir.

Cinquième usage.

*Trouver l'heure du passage d'une étoile au méri-
dien.*

Marquez le lieu du soleil dans l'écliptique, et
celui de l'étoile; placez le soleil dans le méridien, mettez le style horaire sur 12 heures, amenez le lieu de l'étoile sous le méridien, et le
style vous indiquera l'heure qu'il est au moment
où l'étoile passe par le méridien.

Sixième usage.

*Connaître la hauteur d'une étoile sur l'horizon en
un seul instant donné.*

Il faut représenter l'état du ciel pour cet instant, ensuite poser le vertical sur l'étoile dont
on veut connaître la hauteur, et compter les
degrés de ce vertical depuis l'étoile jusqu'à l'horizon. Cette opération vous donnera en même
temps, et la hauteur de l'étoile, et son ampli-
tude soit active, soit occase.

Septième usage.

Connaître les étoiles qui se lèvent et se couchent avec le soleil en un jour donné, par rapport à tel ou tel lieu de la terre.

Le pôle étant élevé selon la latitude du lieu, il ne s'agit que de chercher le degré de l'écliptique dans lequel le soleil se trouve ce jour-là, de le mettre dans l'horizon du côté de l'orient, et ensuite du côté de l'occident; de remarquer les étoiles qui se trouveront de l'un et de l'autre côté dans l'horizon avec ce degré de l'écliptique. Ce seront ces étoiles qui se lèveront et se coucheront en même temps que le soleil se lève ou se couche.

On dit en astronomie qu'une étoile ou une planète se lève ou se couche, quand elle parvient à l'horizon oriental ou occidental; mais les anciens ont distingué, par différens noms, les lever et coucher, savoir : lever et coucher *cosmique;* lever et coucher *acronique;* lever et coucher *héliaque* ou apparent.

Le *lever cosmique* a lieu quand une étoile se lève avec le soleil. Le *coucher cosmique* arrive le jour où une étoile se couche en même temps que le soleil se lève.

Le *lever acronique* a lieu le jour où une étoile se lève à l'instant où le soleil se couche. Le *coucher acronique* arrive le jour où une étoile se couche avec le soleil levant.

Le *lever héliaque* a lieu quand une étoile sort des rayons du soleil, et en est assez éloignée pour être visible. Le *coucher héliaque* arrive quand un astre se plonge dans les rayons du soleil, et n'est plus visible à cause de sa trop grande proximité avec cet astre. Voici les différens degrés d'abaissement que doit avoir le soleil sous l'horizon, pour que les astres se lèvent héliaquement, ce qui fera aussi connaître le temps où ils se couchent héliaquement. Une étoile de la première grandeur commence à être visible, c'est-à-dire à se lever héliaquement quand le soleil est à environ 11° verticalement sous l'horizon; ainsi elle se couche héliaquement quand elle est dans l'horizon occidental, et que le soleil y est descendu verticalement à 11°; une étoile de la seconde grandeur à 12°; de la troisième à 13°; une de la quatrième à 14°; une de la cinquième à 15°; une de la sixième à 16°, etc. A l'égard des planètes, cet abaissement est différent; pour Saturne, il est de 10°; pour Jupiter, de 8; pour Mercure, de 9; pour Mars, de 11; pour Vénus, de 5, et pour Herschell, de 16.

Huitième usage.

Connaître combien de temps une étoile donnée séjourne au-dessus de l'horizon d'un lieu donné.

Prenons pour étoile donnée, *Arcturus* (dans la

constellation du Bouvier) et pour lieu donné, *Paris*. Vous élèverez le pôle arctique d'une quantité égale à la latitude de Paris. Vous amènerez ensuite l'étoile dans le méridien général. Après avoir placé l'aiguille du cercle horaire sur midi, vous ferez tourner le globe vers l'occident jusqu'à ce que l'étoile se trouve dans l'horizon. Il ne restera plus qu'à doubler l'heure sur laquelle l'aiguille se trouve arrêtée, pour avoir le temps demandé.

En pratiquant le même usage pour l'étoile de la seconde grandeur, dite la *Claire de Persée*, vous verrez que, l'aiguille étant sur minuit, cette étoile est à peu près sur le bord de l'horizon, ce qui doit vous faire conclure qu'elle est dans l'ordre de celles qui ne se couchent jamais à Paris, ou que du moins elle n'est couchée que pendant un temps extrêmement court. Replacez l'aiguille sur midi, et considérez les étoiles de l'autre hémisphère qui sont au méridien. Toutes celles qui se trouvent alors au-dessous de l'horizon sont perpétuellement au-dessous. Entre les étoiles qui se trouvent au-dessus de l'horizon, les plus élevés sont celles qui séjournent le plus long-temps au-dessus. En général, toutes les étoiles de notre hémisphère séjournent plus de douze heures au-dessus de chacun des horizons appartenant aux différens lieux de cet hémisphère. Toutes les étoiles de l'autre hémisphère séjournent moins de douze heures au-dessus de chacun des mêmes horizons.

Neuvième usage.

Trouver l'heure du lever et du coucher des signes du zodiaque.

Voulant savoir à quelle heure se lève le signe ♏ scorpion, quand le soleil est au premier degré du bélier ♈ ; le pôle étant à la hauteur du lieu, placez ce degré sous le méridien, et les style horaire sur 12 heures ou midi ; ensuite tournez le globe d'occident en orient, jusqu'à ce que le premier degré du scorpion soit dans l'horizon oriental ; alors le style montrera l'heure du lever de ce signe à 8 heures 51 minutes du soir. Si vous conduisez ce même degré dans l'horizon occidental, le même style vous indiquera l'heure de son coucher.

Dixième usage.

Trouver le temps que les signes mettent à monter au-dessus et à descendre au-dessous de l'horizon.

Placez le commencement du signe dans l'horizon du côté de l'orient, et le style sur 12 heures ; tournez ensuite la sphère ou le globe jusqu'à ce que le signe entier soit levé, ou que la fin du même signe soit dans l'horizon, le style horaire marquera le temps que le signe a mis à se lever. Opérant de la même manière vers l'occident, vous aurez le temps du coucher.

Onzième usage.

*Trouver l'ascension droite et oblique et la décli-
naison d'un astre, de Sirius, par exemple.*

L'ascension droite d'un astre est l'arc compris
entre le point de l'équinoxe du printemps et le
degré de l'équateur qui se trouve dans le méridien en même temps que l'astre : j'amène donc
Sirius sous le méridien : le degré de l'équateur
qui y répond en même temps, marque 99°, ascension droite de *Sirius*.

L'ascension oblique est l'arc compris entre le
même point de l'équinoxe et le degré de l'équateur qui se lève en même temps que l'astre : je
place donc *Sirius* dans l'horizon ; le degré de l'é-
quateur qui y répond en même temps, marque
117°, ascension oblique de *Sirius*.

La déclinaison d'un astre est sa distance à
l'équateur : je place donc *Sirius* sous le méridien
et je lui trouve 16° 30' de déclinaison méridio-
nale.

Douzième usage.

*Trouver quelle est, à une heure et pour un lieu
quelconque, l'ascension droite du méridien ou du
milieu du ciel ; c'est-à-dire quelles sont les étoiles
qui passent alors au méridien, par exemple, le 24
octobre, lorsqu'il est 8 heures du soir.*

Le lieu du soleil ce jour-là est le premier du scorpion, auquel se trouve 208° d'ascension droite. Je compte depuis ce point, sur l'équateur d'occident en orient, huit fois 15° ou 120°; je tombe au 328°. que je place sous le méridien : toutes les étoiles qui s'y trouvent alors, sont celles qui y doivent passer à huit heures du soir, puisqu'elles sont ce jour-là de 120° plus orientales que le soleil.

Treizième usage.

Trouver le lieu du soleil dans l'écliptique en un jour proposé, comme le 1er. mai.

Élevez le lieu à sa latitude qui est de 49° pour Paris, cherchez quel est le degré de l'écliptique répondant au jour proposé, ces degrés sont marqués un à un, vis-à-vis des jours correspondans sur le cercle de l'horizon, d'après l'entrée du soleil à chaque signe. Vous trouverez que c'est le 11° du taureau qui répond au 1er. mai, et ainsi des autres.

Quatorzième usage.

Trouver la plus grande et la plus petite hauteur méridienne du soleil à Paris.

La hauteur du pôle étant de 48° 50', le complément est de 41° 10'; ajoutez 23° 28', plus grande déclinaison du soleil, quand il est au solstice d'été, vous aurez 64° 38' pour la plus

grande hauteur méridienne que cet astre puisse
avoir à Paris. Mais retranchant 23° 28', plus
grande déclinaison, du même complément 41°
10', vous aurez 17° 42' pour la plus petite hauteur méridienne, lorsque l'astre est au solstice
d'hiver.

Quinzième usage.

*Connaître les étoiles qui passent au méridien en
même temps que le soleil en un jour donné.*

Toutes les étoiles dont l'ascension droite est
égale à l'ascension droite actuelle du soleil, se
trouvent avec lui dans un même méridien; l'ascension droite des étoiles est constante, celle du
soleil change à chaque instant. Ainsi, telle étoile
qui se trouve aujourd'hui avec le soleil dans le
méridien d'un lieu, s'y trouvera demain plus tôt
que le soleil, parce qu'alors le soleil sera oriental par rapport à elle. Chaque jour le soleil deviendra plus oriental par rapport à l'étoile,
chaque jour le passage de l'étoile au méridien
devancera le passage du soleil d'une quantité
plus grande : elle l'aura devancé de douze heures, lorsque le soleil cessera d'être oriental et
qu'il sera près de devenir occidental par rapport à l'étoile. Dès que le soleil sera devenu occidental, son passage au méridien devancera
celui de l'étoile d'une quantité moindre que
douze heures; quantité qui diminuera de jour

en jour, à mesure que le soleil deviendra plus occidental. Enfin, cette quantité sera réduite à zéro, lorsque le soleil, cessant d'être occidental, recommencera avec l'étoile une nouvelle révolution ; alors le soleil et l'étoile se retrouveront ensemble dans le méridien du lieu : ce sera ensuite d'autres étoiles orientales qui pendant six mois passeront successivement au méridien avec le soleil. Pendant les six mois qui suivront, d'autres étoiles plus occidentales y passeront aussi successivement. Ce sera toujours la même alternative pendant chacune des révolutions annuelles de la terre.

Que l'on conçoive l'orbite terrestre divisée en trois cent soixante-cinq degrés ou trois cent soixante-cinq parties égales comme l'est l'écliptique terrestre, il est aisé de voir que par l'effet du mouvement annuel de notre globe, tous les points de division de l'écliptique s'appliquent successivement sur chacun des points de division correspondans de l'orbite, et qu'ainsi les étoiles qui, en un certain jour, se trouvent au méridien avec le soleil, et qui, par suite de la rotation du globe, se trouvent le lendemain au méridien, n'y sont plus pour lors avec le soleil, qui est ou plus oriental, ou moins occidental, comme il vient d'être dit ; alors, il est ou moins que midi, ou plus que midi ; et la différence en moins diminue chaque jour, comme la différence en plus augmente chaque jour. Ce qui fait que chaque jour, à une même heure, la partie visible du ciel n'est pas exactement la même qu'elle était la veille, et qu'au bout de six mois toutes les étoiles sont pour la vue de l'observateur dans une position toute contraire à celle où elles étaient six mois auparavant. Il voit alors dans la partie supérieure de son méridien toutes les étoiles qui, à cette dernière époque, étaient dans la partie inférieure; tout l'aspect du ciel est changé.

Venons à la pratique de l'usage dont il s'agit. Il faut connaître précisément le point de l'écliptique où le soleil se trouve lors du midi de ce jour donné, et l'amener sous le méridien. Si en même temps vous élevez le pôle vers lequel le lieu est situé d'une quantité égale à sa latitude, l'hémisphère supérieur du globe artificiel sera entièrement semblable à l'hémisphère supérieur du globe naturel. L'hémisphère inférieur de l'un sera pareillement tout-à-fait semblable à l'hémisphère inférieur de l'autre, mais pour l'instant seulement dont il s'agit, c'est-à-dire celui de midi. Il vous est aisé d'après cela de connaître toutes les étoiles qui actuellement se trouvent au méridien avec le soleil, ainsi que celles qui se trouvent au méridien de votre antipode, lesquelles ne doivent parvenir au vôtre qu'à minuit.

Seizième usage.

Savoir quelles étoiles se trouveront au méridien d'un lieu donné, en un jour donné, et à une heure donnée.

Le lieu donné est supposé Paris ; le jour donné est le premier juin ; l'heure donnée est 10 heures du soir. Amenez sous le méridien le degré de l'écliptique dans lequel le soleil se trouve le premier juin. Vous mettrez l'aiguille sur midi, et vous ferez ensuite tourner le globe vers l'occident, jusqu'à ce que l'aiguille se trouve sur 10 heures. Alors vous aurez sous les yeux l'image de l'hémisphère céleste qui se trouve le 1er. juin à 10 heures du soir au-dessus de l'horizon de Paris, et celle de l'hémisphère qui se trouve au-dessous.

A l'aide d'une boussole, vous connaîtrez le nord et le sud du lieu donné ; d'après cette connaissance, vous disposerez le globe de manière que l'axe artificiel et la ligne *nord* et *sud* du lieu soient dans un même plan. Ce sera à peu près dans la direction de l'axe artificiel, et à l'extrémité de son prolongement jusque dans le ciel, que vous verrez l'étoile polaire. Les lignes que vous concevrez tirées du centre du globe artificiel à chaque marque d'étoile, et qu'en même temps vous vous représenterez comme prolongées jusqu'à la surface de la sphère céleste, aboutiront chacune à l'étoile représentée.

De plus, au moyen d'un vertical, vous reconnaîtrez pour l'instant présent, la hauteur de chaque étoile visible, et vous aurez la détermination du point de l'horizon auquel chacune d'elles se trouve répondre.

Dix-septième usage.

Connaître l'étoile polaire dans le ciel, et par suite les autres étoiles.

Le globe étant orienté par le moyen d'une boussole, le méridien artificiel coïncide avec le plan du méridien naturel. Il faut que l'axe artificiel coïncide avec l'axe naturel, c'est-à-dire qu'il soit dans l'alignement des deux pôles. Pour cet effet, vous élèverez le pôle duquel vous vous trouvez le plus près, c'est-à-dire en Europe le pôle arctique, d'une quantité égale à la latitude du lieu où vous êtes ; et en concevant l'axe artificiel prolongé dans le ciel, ce sera vers l'extrémité de ce prolongement que vous trouverez l'étoile polaire. Connaissant cette étoile, il vous sera facile de distinguer dans le ciel les différentes constellations qui se trouvent alors au-dessus de l'horizon, *en représentant l'état du ciel pour un instant donné, par rapport à un lieu donné de la terre*, comme dans l'*usage trois*. Chaque constellation répondra exactement à l'image qui en est tracée sur le globe.

Dix-huitième usage.

Trouver l'heure qu'il est pendant la nuit, par le moyen des étoiles.

J'observe quelles sont les étoiles qui passent alors au méridien ; puis, je cherche par l'*usage cinq*, à quelle heure elles ont dû y passer.

TABLE

DES MATIÈRES.

FIN DE LA TABLE.

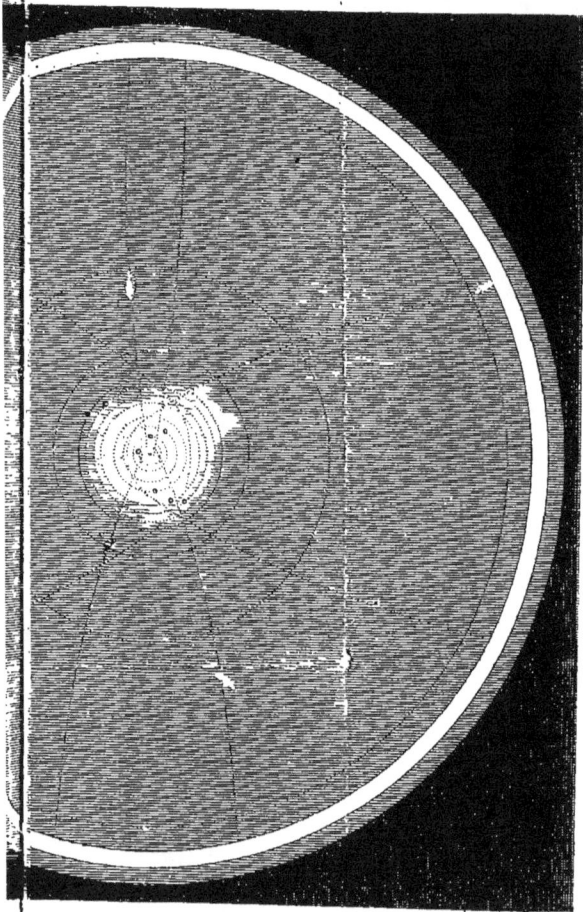

Pl. II.

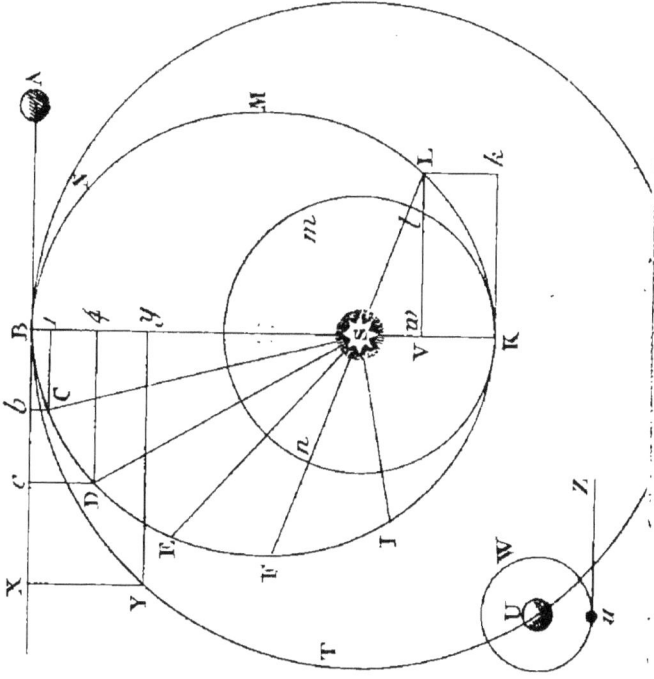

Fig. 5.

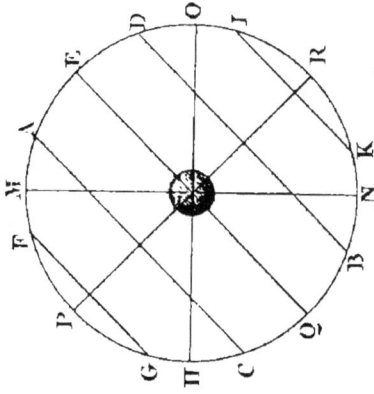

Fig. 1.

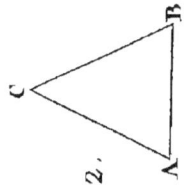

Fig. 2.

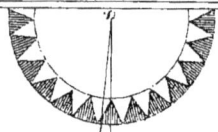

Fig. 3.

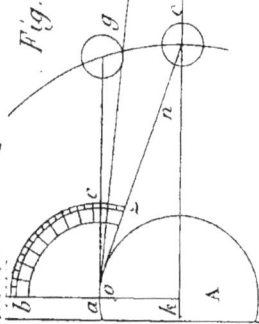

Fig. 4.

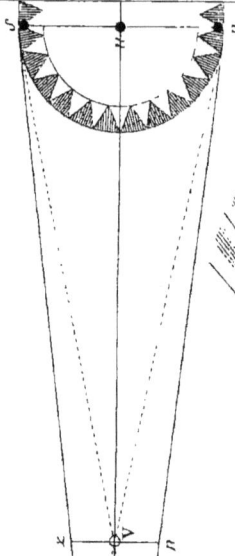

Fig. 6.

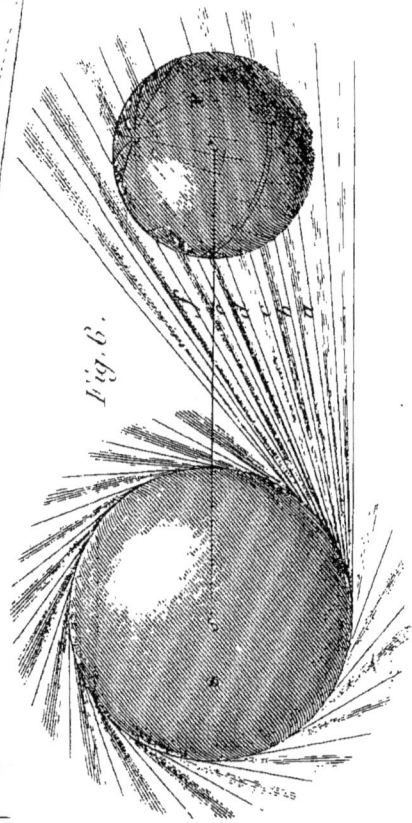

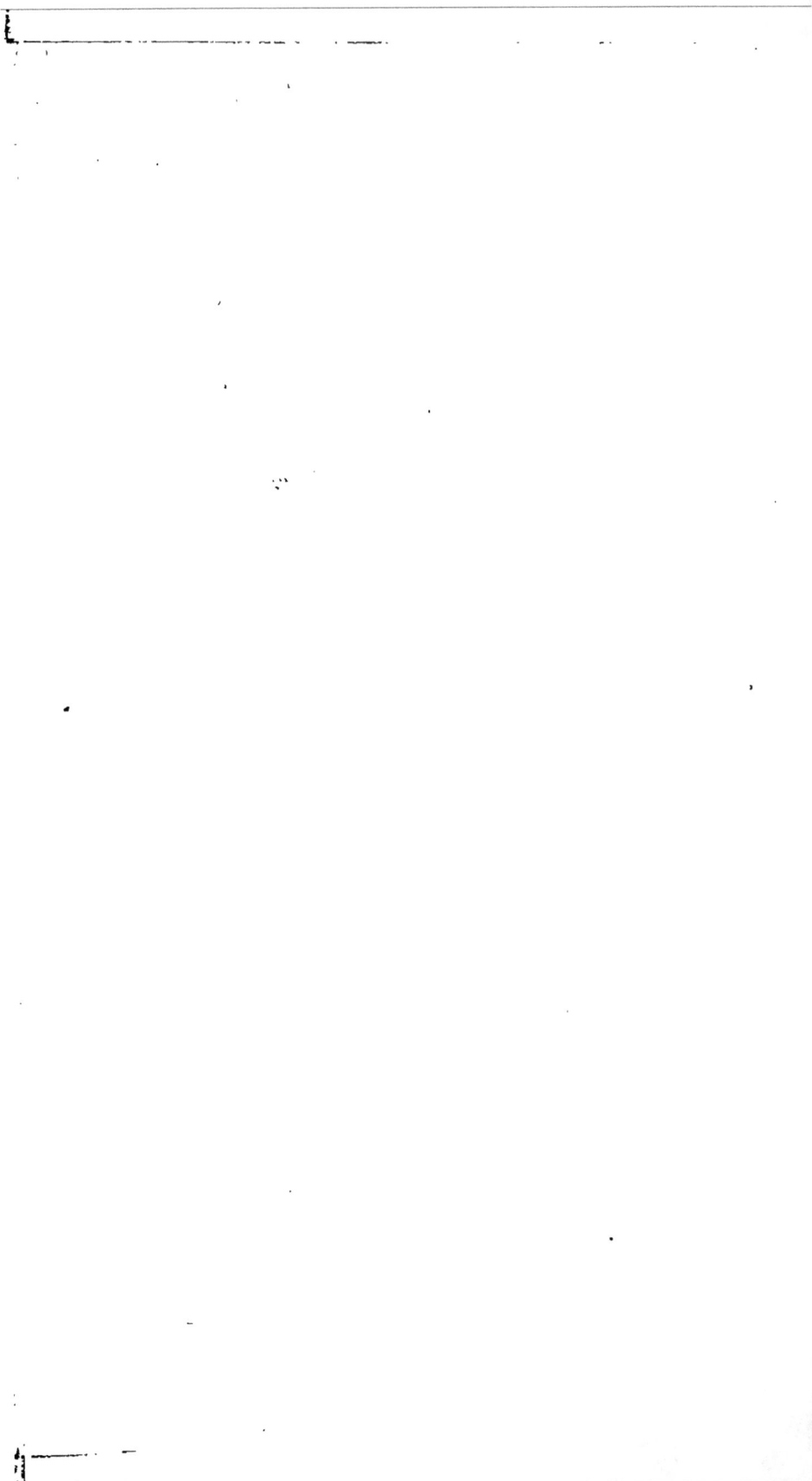

Pl. III.

Astronomie.

Fig. 1.

Fig. 2.

Fig. 3.

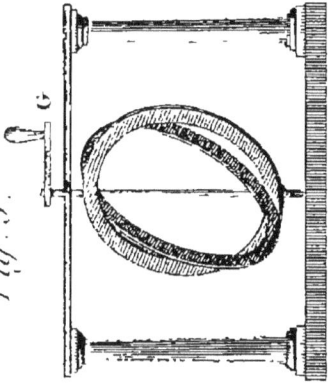

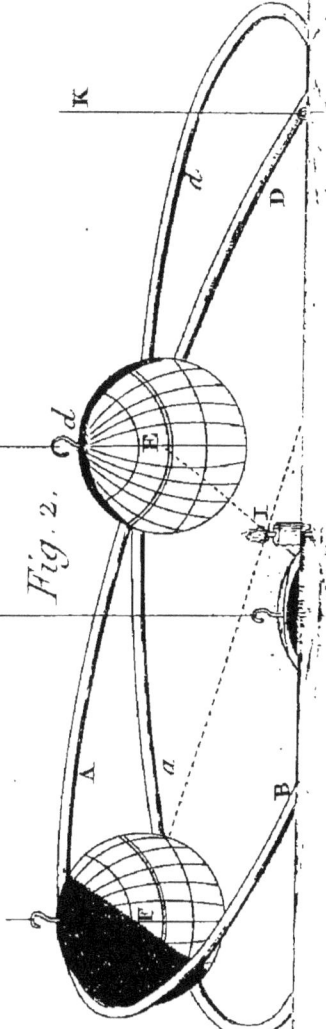

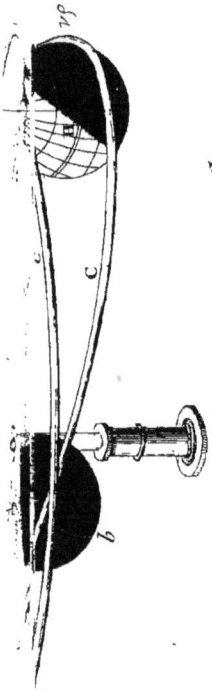

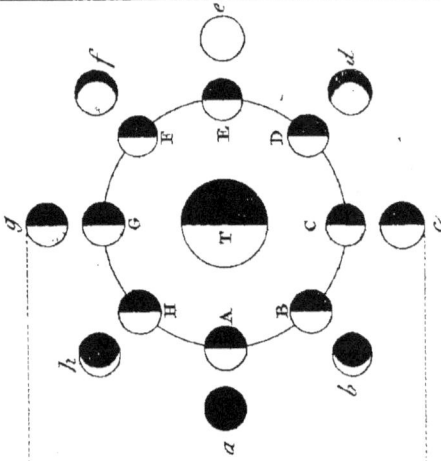

Fig. 4.

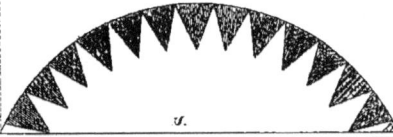

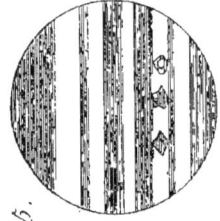

Fig. 5.

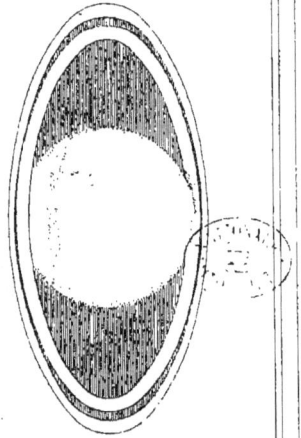

Fig. 6.

Pl. IV.

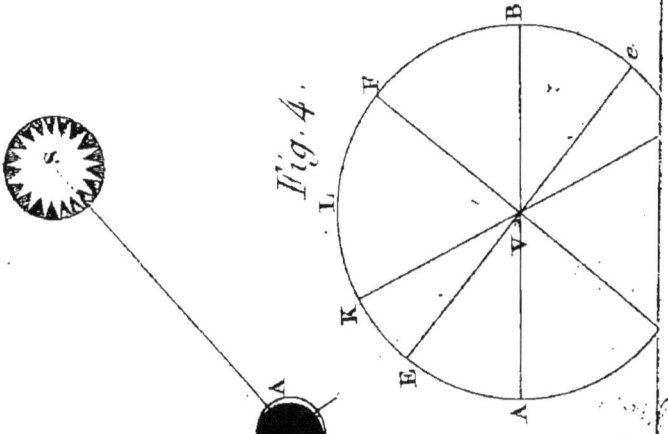

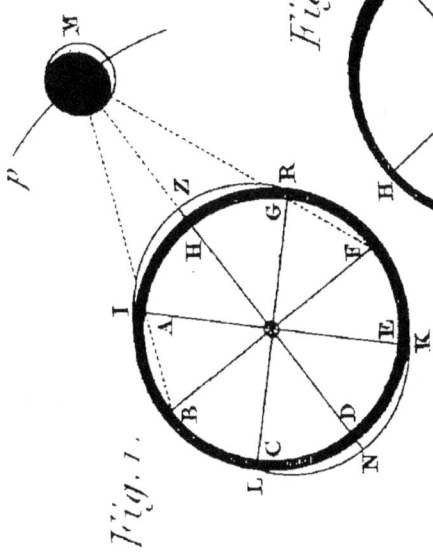

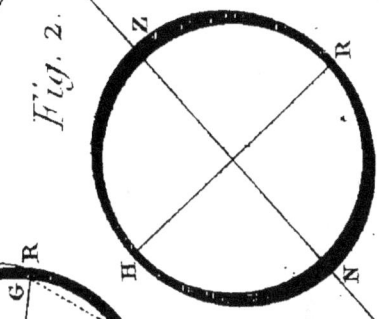

Fig. 1.

Fig. 2.

Fig. 4.

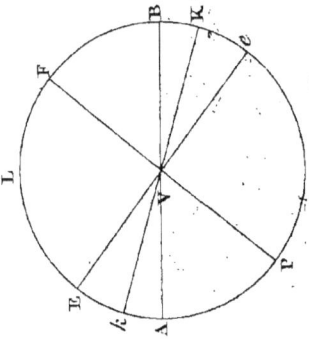

Fig. 5.

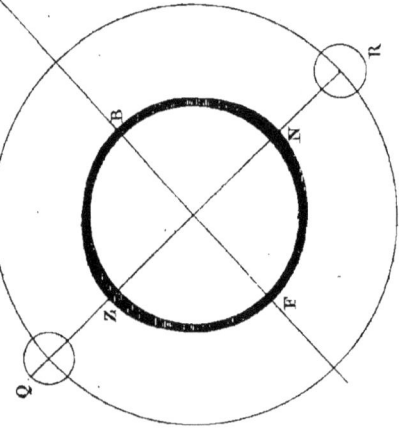

Fig. 3.

Fig. 7.

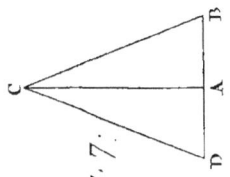

Fig. 6.

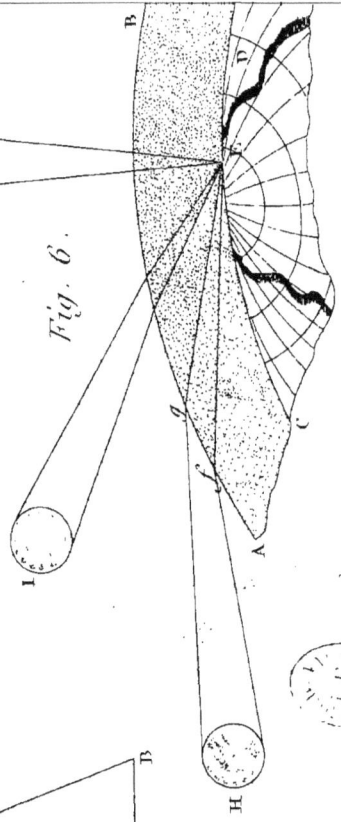

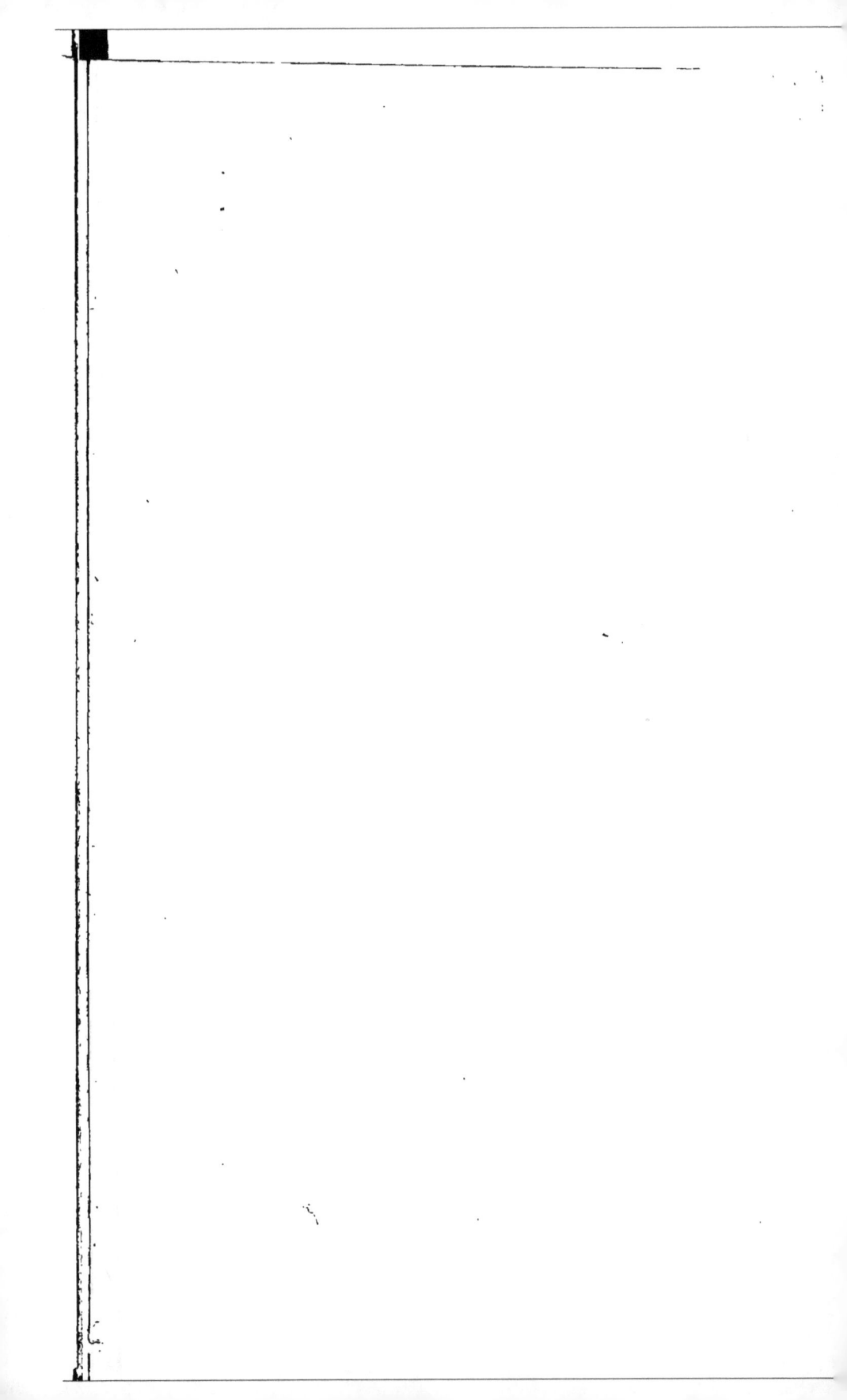

Pl. V.

Fig. 1.

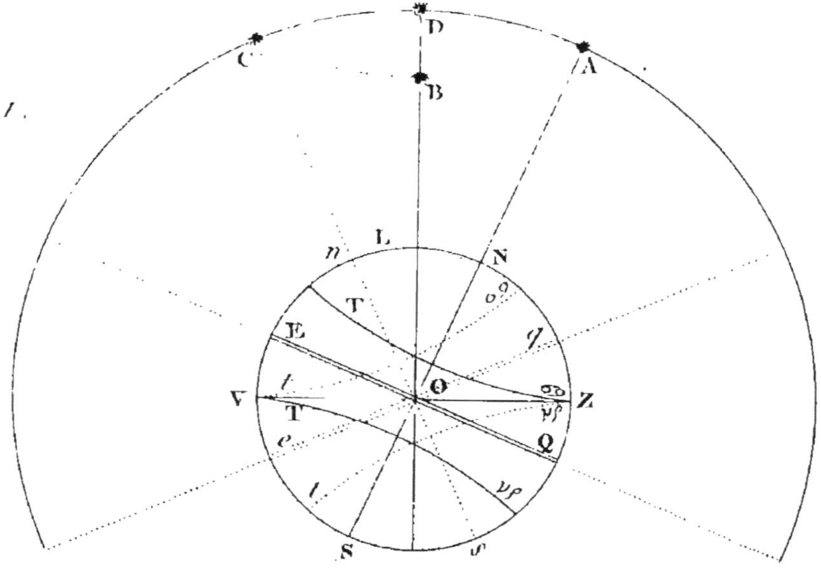

Fig. 2.

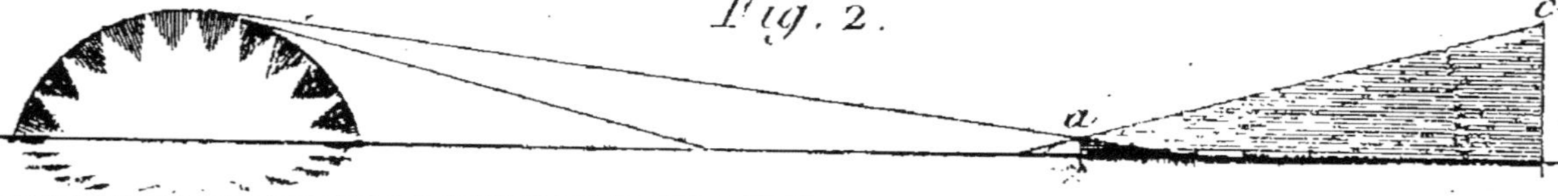

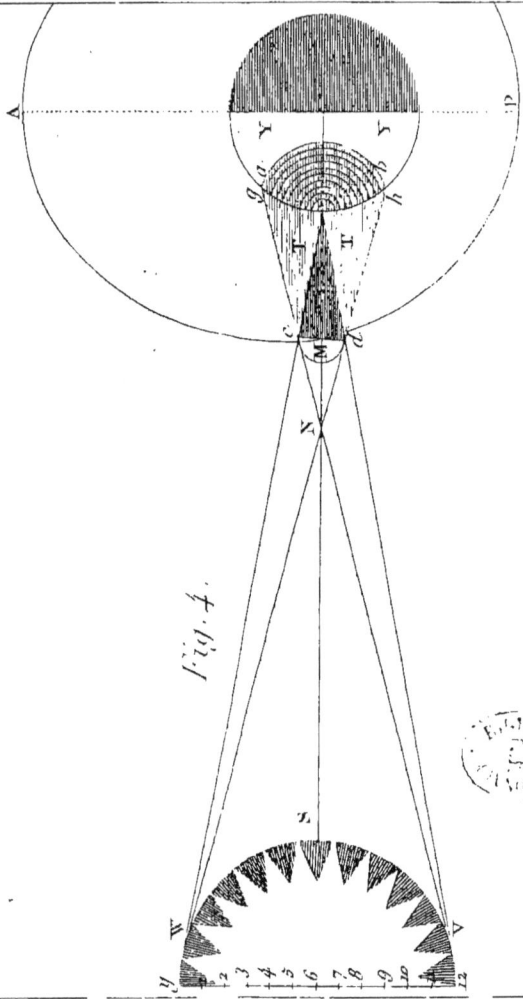

Fig. 3.

Fig. 4.

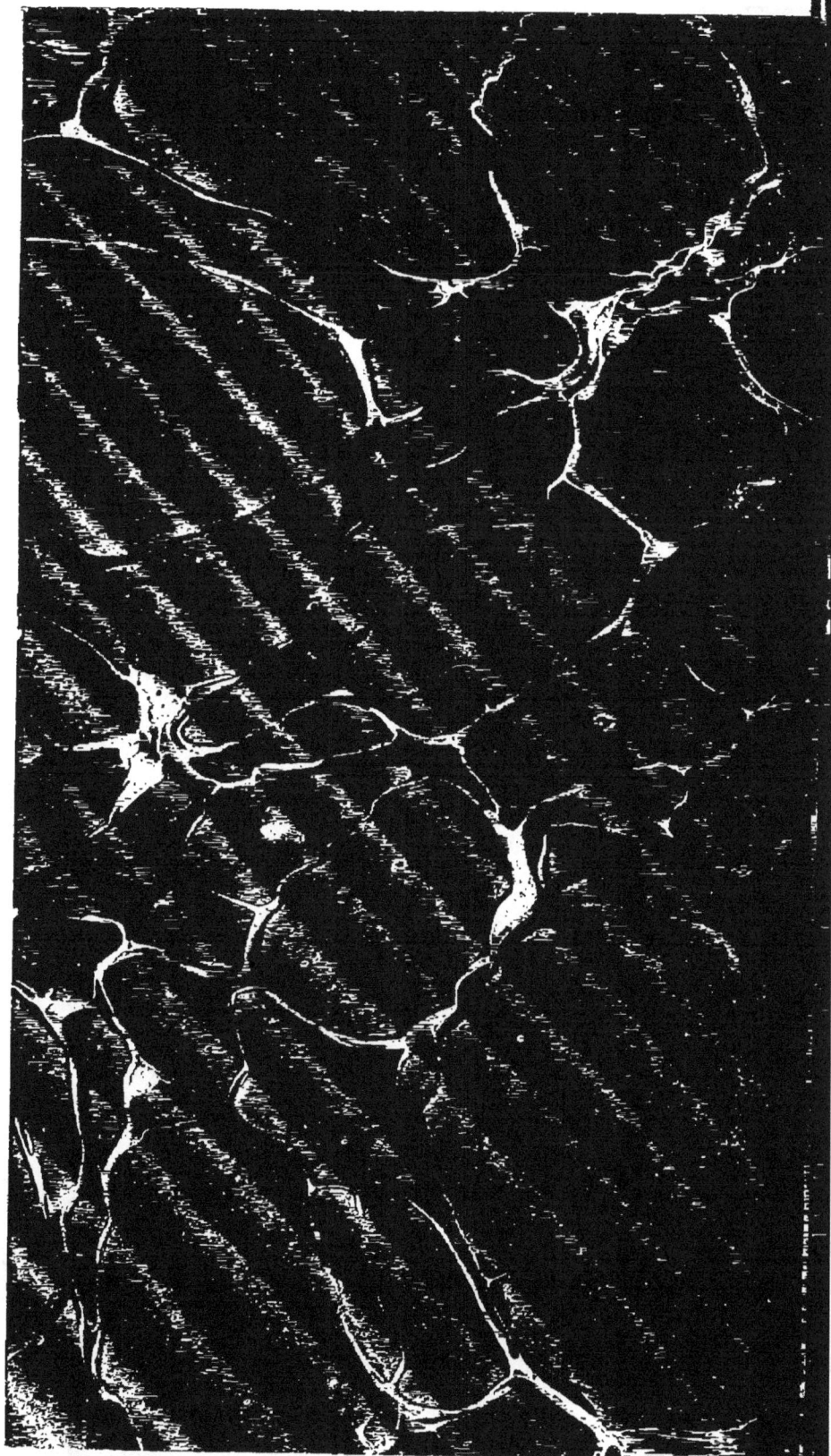

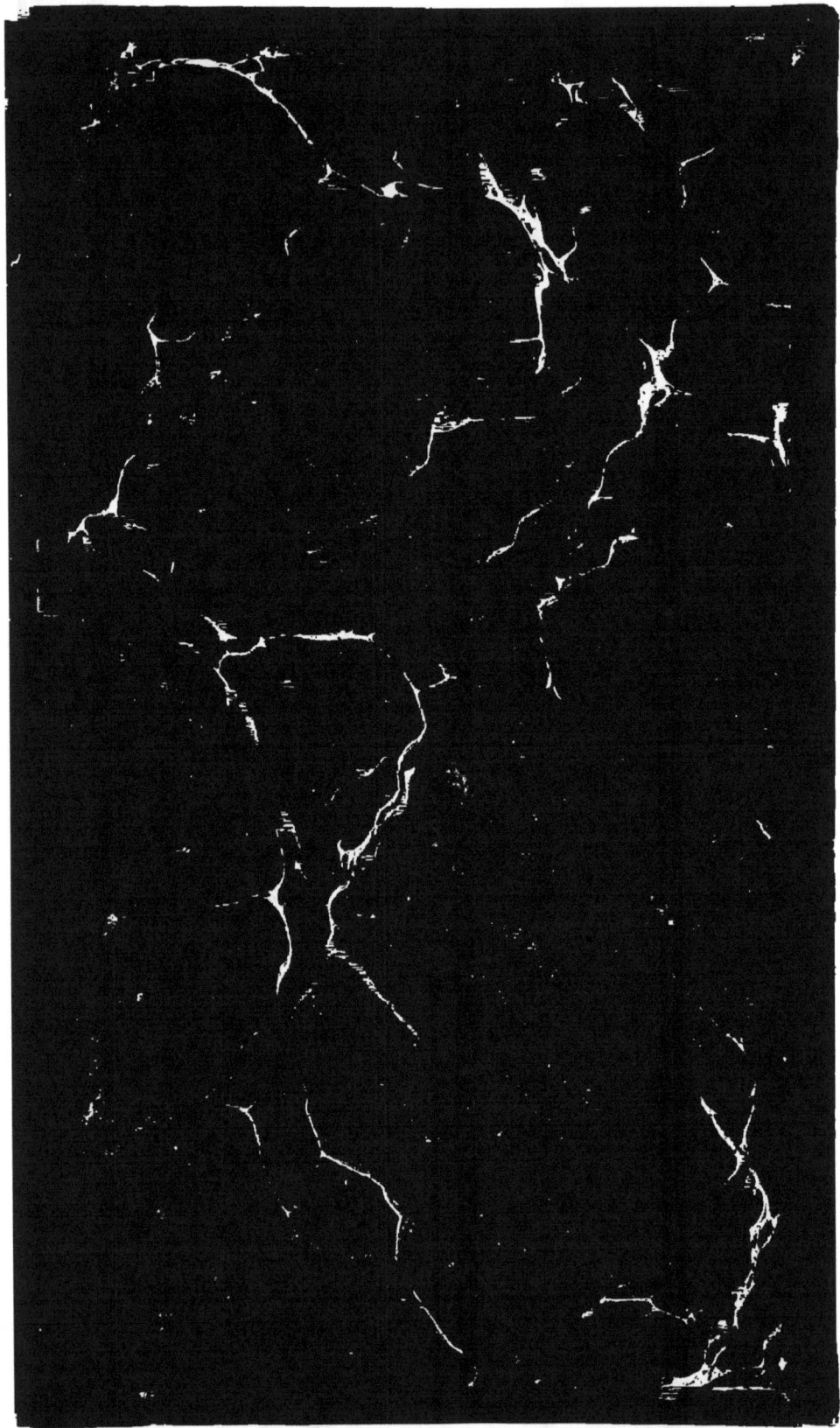

IN

V

www.ingramcontent.com/pod-product-compliance
Lightning Source LLC
Chambersburg PA
CBHW070250200326
41518CB00010B/1751